中国农业机械化图鉴

汪 春 主编

科学出版社

北 京

内 容 简 介

编者以三年多的不懈努力，从几千张农机图片中筛选出几百幅精彩的农机照片，配以翔实的文字说明，编辑成该册《中国农业机械化图鉴》。本书不仅收集了中国古代农器图谱，而且以纪实的照片展示黑龙江省、东北地区乃至全国的中国现代农业机械化进程的闪光点。全书共分为十四章，包括：第一章，牢记习近平总书记的嘱托；第二至第十章，九大农作物——水稻、玉米、大豆、小麦、马铃薯、棉花、花生、油菜、甘蔗——生产全程机械化，包括耕整地、种植、中耕、植保、航化作业、谷物收获、烘干等各生产环节；第十一章，经济作物生产全程机械化；第十二章，精准智能农业技术装备；第十三章，近现代农机发展轨迹；第十四章，古代农器图谱汇集。

本书适合高等院校农业机械专业的研究生和高年级本科生选读，也可供从事现代化农业和农业机械研究的科研工作者参考。

图书在版编目（CIP）数据

中国农业机械化图鉴/汪春主编. —北京：科学出版社，2017.11

ISBN 978-7-03-054933-4

Ⅰ.①中… Ⅱ.①汪… Ⅲ.①农业机械-中国-图集 Ⅳ. ①S22-64

中国版本图书馆 CIP 数据核字（2017）第259283号

责任编辑：王玉时 / 责任校对：郑金红
责任印制：霍 兵 / 封面设计：迷底书装

科学出版社 出版

北京东黄城根北街16号
邮政编码：100717
http://www.sciencep.com

北京汇瑞嘉合文化发展有限公司 印刷

科学出版社发行 各地新华书店经销

*

2017年11月第 一 版 开本：890×1240 1/16
2017年11月第一次印刷 印张：20 1/4
字数：686 000

定价：198.00元

（如有印装质量问题，我社负责调换）

《中国农业机械化图鉴》编委会

主　　编：汪　春
副 主 编：衣淑娟　张　伟　毕　强
编　　审：胡　军　马永财　王　熙　梁　远　车　刚　庄卫东
　　　　　张　佳　于海明　赵　军　周桂霞　秦春兰　张欣悦
　　　　　王汉羊　李文涛　赵胜雪　付晓明　毕　强
摄影及图片资料提供：
　　　　　许长山　王东新　王智敏　王　熙　庄卫东　侯林山
　　　　　王照泉　王　生　张保军　陆文祥　闫　垒　张　秘
　　　　　徐福生　沈天亮　陈宝林　邱　成　吴树江　邵国良
　　　　　郭俊峰　陈　贺　杜　彬　郭明军　夏红英　刘兆春
　　　　　刘　微　毕　强

中共中央总书记、国家主席、中央军委主席习近平在黑龙江省考察调研时强调:"粮食安全是国家安全的重要基础,要创新粮食生产经营模式,优化生产技术措施,落实各项扶持政策,保护农民种粮积极性,着力提高粮食生产效益。"

2016年5月24日上午,习近平来到抚远市通江乡东安村玖成水稻种植合作社,依农时问农事,关注农艺与农机相互融合的技术体系化。总书记向农民和技术员询问水稻先进种植模式和科学田间管理经验,了解合作社智能催芽和箱式快速育秧技术流程,察看机械插秧,并饶有兴趣地登上一台水稻插秧机。总书记一边体验操作,一边关心询问这个智能侧深施肥高速水稻插秧机是出自哪里,当他得知是国产的智能农业机械时,他连声说好。在场的玖成水稻种植合作社技术负责人孙刚,是去年从黑龙江农垦科学院转型到农村创业的科技能人。孙刚说:"我能感受到总书记特别寄希望于国内有更多高端农业机械创新和研发,这让我们农业技术人员很受鼓舞。农机是农艺的载体,农艺的技术原理、性能特点、标准等必须要通过农机才能够实现。总之,农机化新技术和新机具的大量推广应用,增产增收、节本增效效果显著。"

习近平总书记到黑龙江省考察调研,受到全省人民的赞誉:"情牵黑土,心系百姓,殷切嘱托,厚望农机"。

《中国农业机械化图鉴》画册是黑龙江八一农垦大学于2014年7月末统筹策划的大型文献图书。画册的最醒目感人的篇章,是习近平总书记在黑龙江省考察调研的精彩瞬间纪实。这为画册增添了辉煌的史料价值。

马克思说:"人民创造历史必须'从过去继承下来的条件下创造。'"日本京都大学教授饭沼二郎指出:"否定传统农业的现代化,将会导致农业的衰退,只有尊重农业传统搞现代化,才会使农业迅速发展。"

以史鉴今,可展望未来。本书古代农器篇摘选了远古至清代中叶,在中国农业生产中使用的器具。元朝王祯著的古代五大农书之一《王祯农书》在农器图谱集开篇表述:"盖器非田不作,田非器不成。"《管子·轻重乙篇》提出:"一农事,必有一耜、一镰、一耨、一椎、一铚,然后成为农。"这些精辟地论断了农业与农器的相互关系。本书参考了古籍五大农书中的农器图谱和有关古代农书、现代农业机械的大量文献资料。农具，在中国古代被称作"农器"或"田器"。老一代农具史专家、清华大学教授刘仙洲在《中国古代农业机械化发明史》一书中，讲到中国古代农具的时候说："在我国历代文献上，对于这一类工具有时叫做田器，有时叫做农具，有时叫做农器。若就机械的定义说：任何一种工具，无论简单到什么程度，当使用它工作时，都是一种机械。所以一般都叫它们为农业机械。"

2004年6月，国家颁布的《中华人民共和国农业机械化促进法》对农业机械的法律定义是："本法所称农业机械是指用于农业生产及其产品初加工等相关农事机械活动的机械和设备。"

据考古和可查文献记载，中国农业装备的发明、制造、使用和不断创新，已有上万年的历史，经历了由原始到现代的演变过程。从时空两方面考察，农业装备技术发展呈现出两大特性：时代特性和地区特性。时代特性体现出发展过程的阶段性，随着科学技术的进步，农业装备演变的时代间距越来越短，变革的速度明显加快。地区特性指地区差异性，各地自然、技术、经济、社会条件有巨大差别，中国农业装备南北结构的差异，是地区特性的具体体现。

马克思对用劳动资料划分经济时代有句格言："各种经济时代的区别，不在于生产什么，而在于怎样生产，用什么劳动资料生产。劳动资料不仅是人类劳动力发展的测量器，而且是劳动借以进行的社会关系的指导器。"

中国农业装备从人类历史初期利用天然的或经过简单加工的木头、石块、骨头、贝壳等材料制成的原始农器，发展到现代已有15大类3500多个品种的农业装备，是一步又一步地由低级向高级发展的，呈现出明显的时代特性，变革的速度由慢到快。大致经历了原始农器时代近6000年（约公元前8000年至公元前2010年，史称石器时代），古代农器时代近4000年（约公元前2100年至公元1840年，史称传统农器时代），近代农器时代约100年（公元1840年至1949年），当代农器时代（1949年至今，仍在继续）的发展历程。农器演变经历由简单到复杂、由低级至高级、由单一领域向更多领域、由经验到科学等的过程。马克思在《资本论》第一卷论述机器的发展中有精辟的论述，他指出："一旦从经验取得合适的形式，工具就固定不变了；工具往往世代相传达千年之久，就证明了这一点。"而"现代工业从来不把某一生产过程的现存形式看成和当作最后的形式。因此，现代工业技术基础是革命的，而所有以往的生产方式的基础本质上是保守的"。"劳动资料取得机器这种物质存在方式，要求以自然力来代替从经验中得出的成规"。中国农器的发展历程，就验证了马克思以上的科学论证。

中国农器发展历程已经经历了四个时代（原始农器时代、传统农器时代、近代农器时代、当代农器时代），反映了农器技术应用与经济社会相适应的协调发展规律。农器与农业生产相伴而生、互生共进、由低向高、由慢向快，在发展过程中呈现出连续性、阶段性（时代性）、地区性。农器技术不断创新，形成技术革命，促进了农业生产力的跨越式大发展，如铁制农器的出现、农业机器的出现等。

中国以文明古国著称，有悠久的历史文化。炎黄子孙的优秀代表，农业、农具科学的奠基人氾胜之、赵过、贾思勰、王祯、徐光启等，他们的经典农业农具巨著《氾胜之书》《齐民要术》《王祯农书》《农政全书》《授时通考》等，堪称耕织图谱、茶食经文。从耒耜到机引犁、从桔槔到水轮泵、从秧马到插秧机、从耧犁到播种机、从麦绰到"康拜因"，这是独具的农具文化传承魅力。自古以来，农业生产对农具的需求不断演变，中华民族独创了享誉海内外的"精耕细作"农业生产模式，不知多少古农具曾魁居世界之最。

精耕细作指农业上认真细致地耕作。毛泽东《做革命的促进派》："我们靠精耕细作吃饭，人多一点，还是有饭吃。"

铁农具的使用和牛耕的推广是精耕细作技术发展的基础。中国古代主要的耕作方式由刀耕火种到铁犁牛耕：原始社会实行刀耕火种；商周实行石器锄耕；春秋战国以后实行铁犁牛耕。铁犁牛耕技术出现于春秋战国，在汉代得到改进和推广。隋唐时期，随着江东犁的出现，该技术得到完善而为后世所沿用。提高土地利用率和土地生产率，是精耕细作技术体系的总目标。为了提高土地利用率，西周时期实行了垄作法；西汉时实行代田法，还采用轮作倒茬和间作套种方式；宋代以后，江南地区形成稻麦轮作的一年两熟制和一年三熟制。为了提高土地生产率，人们通过提高耕作技术来提高单位面积产量，充分发挥土地潜力，在北方形成耕耙耱技术，南方形成耕耙耖技术。改变农业环境，也可以提高土地生产率。中国古代重视农田灌溉，从古至今修建了许多水利工程，改善了土壤环境，使农业收成不再完全取决于天气的好坏。

精耕细作农业是对中国传统农业精华的一种概括，指的是传统农业的一个综合技术体系。其萌芽于夏商周时期，春秋战国、秦汉、魏晋南北朝是技术成形期，隋唐宋辽金元是精耕细作的扩展期，明清是深入发展期。

1. 春秋至秦汉

特征：精耕细作技术开始成形。

表现：①春秋时期出现当时世界上最先进的垄作法；②汉代赵过推行代田法，能防风抗旱，同时出现区田法，强化精耕细作技术；③汉代农学著作《氾胜之书》反映了农作物从耕种到收获全过程的规律；④汉代发明了耧车；⑤耕作制度以连年种植制为主，有些地方实行休耕制，出现两年三熟制。

2. 魏晋南北朝

特征：黄河流域以精耕细作为特点的农业生产技术已经日臻成熟。

表现：①北魏《齐民要术》是世界上现存最早的杰出农书；②江南垦田面积扩大，耕作技术有较大进步。

3. 隋唐

特征：南方水田的精耕细作技术逐步成熟。

表现：①水稻种植普遍采用育秧移栽等技术；②江东地区出现曲辕犁，安装犁评，适应水田和各种土壤的精耕细作犁耕技术日渐完善。

4. 宋元

特征：精耕细作技术进入全面成熟时期。

表现：①北方旱地出现中耕农具耧锄；②江南形成稻麦轮作的一年两熟制，有些地方形成一年三熟制，经济中心南移；③农作物品种交流非常广泛。

5. 明清

特征：精耕细作农业继续发展。

表现：①北方两年三熟制和三年四熟制，南方长江流域发展多种形式一年两熟制；②大量农作物新品种被培育出来；③由国外引进玉米、甘薯等高产农作物；④经济作物种植面积扩大，形成专业生产区域；⑤出现《农政全书》和《天工开物》等农学著作。

中国农业生产全程机械化，就是精耕细作的历史传承。

为贯彻落实《国务院关于促进农业机械化和农机工业又好又快发展的意见》（国发〔2012〕22号）和《国务院办公厅关于加快转变农业发展方式的意见》（国办发〔2015〕59号），依据《国家中长期科学和技术发展规划纲要（2006—2020年）》《国家粮食安全中长期规划纲要（2008—2020年）》《中国制造2025》（国发〔2015〕28号）和《关于深化中央财政科技计划（专项、基金等）管理改革的方案》（国发〔2014〕64号），农业机械化应立足"智能、高效、环保"，按照"关键核心技术自主化，主导装备产品智能化，薄弱环节机械化"的发展思路，进行智能装备、精益制造、精细作业的横向产业链与基础研究、关键攻关、装备研制与示范应用的纵向创新链相结合的一体化科技创新设计，启动实施智能农机装备重点专项。2010年7月《国务院关于促进农业机械化和农机工业又好又快发展的意见》（国发〔2010〕22号）强调："推广一批适合机械促进农机农艺协调发展。建立农机和农艺科研单位协作攻关机制，制定科学合理、相互适应的机械作业规范和农艺标准，将机械适应性作为科研育种、栽培模式化作业的品种和种植模式。统筹规划，整合现有农机院所的科研力量，针对重点农作物建立农业机械化实验室，加强农业机械化生产技术研发工作。加强农机与水、肥、种、药等因素协调作用的机理研究，完善农业机械化、种子、土肥、植保等推广服务机构紧密配合的工作机制，组织引导农民统一农作物品种、播期、行距、行向、施肥和植保，为机械化作业创造条件。"

2012年1月，中央一号文件第一次提出"探索农业全程机械化生产模式"。农业全程机械化，也就指农业全面机械化。党中央对农业机械化发展的指导由强调重点环节机械化转变成突出粮食生产全程机械化，再到稳步推进农业全面机械化。

任何现有模式在实践发展中都是有时效性的，过去适应现在出现不适应；现在适应，将来未必能适应。发展中要适应资源环境的约束，对发展模式必然有转型升级的要求，要转变发展模式，上好新台阶，必然要求模式创新，以创新促发展。

农业全程机械化生产模式，要符合《中华人民共和国农业机械化促进法》，成为经济有效、保障安全，适应"高产、优质、高效、生态、安全"十字方针要求的节本增效型、资源节约型模式，并构建相应的评价标准体系、评价标准和评价方法，为现有模式优选和改进创新提供科技支撑。

2015年8月，《国务院办公厅关于加快转变农业发展方式的意见》（国办发〔2015〕59号）指出："在深入推进农业结构调整中，推进农业生产机械化。适当扩大农机深松整地作业补助试点，大力推广保护性耕作技术，开展粮棉油糖生产全程机械化示范，构建主要农作物全程机械化生产技术体系。完善适合我国国情的农业机械化技术与装备研发支持政策，主攻薄弱环节机械化，推进农机农艺融合，促进工程、生物、信息、环境等技术集成应用。"

当代农业全程机械化生产模式，正向生物生态技术与环境工程技术相结合，有助于资源节约、环境保护，回归土壤地力方向发展和应用。农器结构逐步向多元化发展，产品向系列化、标准化、个性化、智能化、信息化发展；由单一环节向全过程发展，由单一设备向成套设备发展。不同地区、不同发展阶段有不同的选择，区别划类。分类指导、重点突破、示范推广、科学推进是发展探索农业全程机械化生产模式的有效途径。

本书编纂的宗旨，是在"探索农业全程机械化生产模式"大背景下，从实践到研究两个角度，讨论模式的比较与选择、模式的识别与细分、模式的示范推广与发展演进的特殊性。生态农业是以生态理论为指导建立起来的一种新型农业生产模式。优化农业生产系统，建立人为干预措施、高产优质低耗的高效人工生态系统。

农业环境以人类的生产和生活为中心，是一个复杂系统，由自然、社会、经济三个子系统组成。农业环境包括生产系统、加工系统、运销系统。农业依赖自然资源的供给，同时又受自然生态条件的约束，社会、自然、经济三者既相互依存，又相互制约与补偿，构成农业有机整体。农业生态环境的恶化、不合理的农业生产方式对农业可持续发展带来的影响不可小视。

中国现代农业全程机械化生产，定位九大作物种类：以水稻、玉米、小麦、马铃薯、棉花、油菜、花生、大豆、甘蔗等主要农作物为重点。

聚焦六个生产环节：以提高耕整地、种植、植保、收获、烘干、秸秆处理等主要环节机械化水平为重点。

明确两个主攻方向：一是提升主要粮食作物生产全程机械化水平，重点是巩固提高深松整地、精量播种、水稻机械化育（插）秧、玉米机收、马铃薯机收、大豆机收等环节机械化作业

水平，解决高效植保、烘干、秸秆处理等薄弱环节的机械应用难题；二是突破主要经济作物生产全程机械化"瓶颈"，重点是示范推广棉花机采、油菜机播和机收、花生机播和机收、甘蔗机种和机收等关键环节的农机化技术。

探索一系列全程机械化生产模式：根据我国主要农作物的优势产区、种植模式和全程机械化特点，确立推进各个主要农作物生产全程机械化的主要内容，分作物、分区域建成一批率先基本实现生产全程机械化的示范区（县）。

全程全面机械化的内涵：全程机械化主要从生产环节上考虑，是指农业生产产前（育种、种子加工）、产中（耕整地、种植、田间管理、收获、运输、秸秆处理）、产后（脱粒、干燥、储藏）各个环节的全过程机械。

全程机械化是以提高主要农作物生产全程机械化水平为目标，以粮棉油糖主产区为重点区域，以耕整地、播种、植保、收获、烘干、秸秆处理为重点环节，以推广先进适用农机化技术及装备、培育壮大农机服务市场主体、探索全程机械化生产模式、改善农机化基础设施为重点内容，积极开展全程机械化示范区创建，努力构建上下联动、协调推进农业机械化的新机制，共同打造我国农业机械化发展的升级版。

全面机械化主要是指三个方面的全面发展：一是"作物"的全面化，由粮食作物向经济作物、园艺作物、饲草料作物全面发展；二是"产业"的全面化，由种植业向养殖业（畜、禽、水产）、农产品初加工等全面发展；三是"区域"的全面化，由平原地区向丘陵山区发展。

全面机械化指粮、经、饲全面发展。增强粮食生产能力，提高粮食安全保障水平。深入推进农业结构调整，促进种养业协调发展。大力推进粮食作物和经济作物的轮作：重点在东北地区推广玉米/大豆（花生）轮作，在黄淮海地区推广玉米/花生（大豆）间作套作，在长江中下游地区推广双季稻－绿肥或水稻－油菜种植，在西南地区推广玉米/大豆间作套作，在西北地区推广玉米/马铃薯（大豆）轮作。

全国"十三五"农机化规划提出的目标是：到2020年，主要农作物生产全程机械化、种养加全面机械化取得显著进展，区域协调共进的农业机械化发展新格局基本形成，有条件的省份率先基本实现农业机械化。

到2020年，力争全国农作物耕种收综合机械化水平达到68%以上，其中3大粮食作物耕种收综合机械化水平均达到80%以上，机械化植保防治、机械化秸秆处理和机械化烘干处理水平有大幅度提升。在主要农作物的优势生产区域内，建设500个左右率先基本实现生产全程机械化的示范县，在有条件的省份整省推进，率先基本实现全省（自治区、直辖市）主要农作物生产全程机械化。

全国"十三五"农机化规划主要内容包括全面提升农机智能装备水平、全面提升农机作业水平、全面提升农业机械化科技水平、全面提升农机社会化服务水平和全面提升农机安全生产水平。

2015年全国及各省耕种收综合机械化水平一览表中，全国平均水平56％，黑龙江居榜首87.2％，新疆居第二位81.1％，西藏55.2％，贵州最低9.6％，云南倒数第二位12.0％。地区的差异性，农机化发展的不平衡性的改变，亟需跨越式的协调发展。

本书全面、准确、翔实、科学、系统地介绍了中国农业机械化的生态环境。在编写过程中，编者以严谨的科学态度不辞劳苦地查阅有关中国农业机械化的重要文献史料；发扬北大荒精神深入各地，到农业机械化生产一线采撷图片、文字资料。

纵观中国农业机械化的发展进程，自20世纪50年代以来，作为全国农业机械化的领跑者，龙江大地的农机发展历史，就是中国农业机械化发展的真实写照。本书作为一部探索农作物生产全程机械化的大型图鉴，以图文并茂的形式展现中国特别是黑龙江省的农业机械化发展历程，以期让黑龙江省"中国农业机械化的领跑者"的形象享誉海内外，以飨读者。

汪　春

黑龙江八一农垦大学原副校长

中国热带农业科学院

特聘岗位专家

南亚热带作物研究所

教授、博士生导师

2017年9月

目录

Contents

第一章 牢记习近平总书记的嘱托

2016年5月24日上午，习近平总书记来到黑龙江省抚远市玖成水稻种植专业合作社，了解合作社土地流转和采用先进种植技术提高水稻产量效益等情况。总书记登上一台自动插秧机，手扶方向盘，察看仪表盘，询问技术人员机械的工作原理、购买价格、插秧效率等。在快速育秧车间，农技人员介绍利用快速育秧设备进行超早育秧，提升稻米品质情况。总书记问："这里种植什么品种？""快速育苗产量能提高多少？"总书记问几位农民，合作社是什么时候成立的。

2016年5月25日，习近平总书记在黑龙江省考察工作结束时的讲话指出："以构建三个体系为抓手加快推进农业现代化。现代农业是包括产业体系、生产体系、经营体系在内的有机整体，要统筹抓好。要用现代物质武装农业，用现代科学技术提升农业，提高农业良种化、机械化、科技化、信息化、标准化水平。

黑龙江地处我国最北最东，肩负着保障国家国防安全、粮食安全、能源安全的重大责任，战略地位十分重要。黑龙江是农业大省和粮食主产区，长期以来为国家粮食安全作出了重要贡献。近五年来，粮食总产量、商品量、调存量保持全国第一，成为维护国家粮食安全的一块'压舱石'。黑龙江对国家粮食安全的贡献突出，功不可没。

黑龙江土地辽阔、地力肥沃、水系发达、光照充足，农业经营规模大、机械化程度高，基础非常好。要坚持发展现代农业方向，争当农业现代化建设排头兵。

黑龙江水稻生产优势突出，大米品质好、口感好、市场销路好。要发挥优势，稳定发展水稻生产，完善水稻生产、科技、市场、市场服务体系，做大做强水稻产业经济。

黑龙江农垦在屯垦戍边、发展生产、支援国家建设、保障国家粮食安全方面做出了重大贡献，形成了组织化程度高、规模化特征突出、产业体系健全的独特优势，是国家关键时刻抓得住、用得上的重要力量。要发扬北大荒精神，加强垦地合作，增强对周边区域的辐射带动能力。要深化国有农垦体制改革，以垦区集团化、农场企业化为主线，推动资源资产整合、产业升级，建设现代农业大基地、大企业、大产业，努力形成农业领域的航母。推动黑龙江由大粮仓变成绿色粮仓、绿色菜园、绿色厨房。"他同时在抚远市一个农业生产合作社的智能水稻插秧机上询问农机使用情况。

第二章

水稻生产全程机械化

2

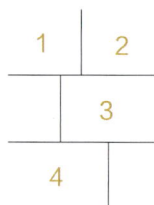

1	2
	3
4	

1 水稻形态（东北黑龙江省三江平原）。

2 唯美德M190悬挂五铧犁进行水稻收获后的秋翻地作业。

3 联合整地机（缺口耙片）促融雪备春耕作业。

4 牵引式缺口耙配套农机。

1	
2	3
4	

1　迪尔804搅浆平地机水田插秧前搅浆整地作业。

2　黑龙江八一农垦大学水稻植质钵育栽植技术研究创新团队研制的水稻钵盘全自动播种机，可实现一次性水稻播种全过程。

3　黑龙江八一农垦大学水稻植质钵育栽植技术研究创新团队研制的水稻钵盘全自动播种机，自动覆土和自动播种过程。

4　黑龙江八一农垦大学水稻中心创新研发的水稻新栽培模式——旱平垄作双深双侧水稻施肥机械作业。

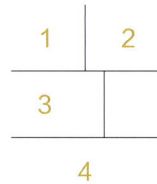

1	2
3	
4	

1　水田平整地作业。

2　水田搅浆平地机。

3　黑龙江垦区农场成功研发的水稻振捣提浆插秧机正在旱田里插秧作业。

4　水稻田筑埂农机作业。

1 水稻田筑埂农机作业，新建的水稻田。

2 水稻直播机。

3 正值水稻播种的时节，2016年5月23日，德邦大为公司带着6011型多功能覆土直播机来到了中国的最东方抚远县玖成合作社，在公司员工的简单的调整后，机器马上开始了田间作业演示，短短一个上午的时间作业60余亩*，水稻的旱直播效果得到了在场观看人员的好评。6011型多功能覆土直播机真正实现了水稻旱直播，减少育秧、运秧、插秧的环节，降低成本和劳动强度，提高农户的收入；一次完成施肥、播种、覆盖，并可实现水播和旱播两种模式；大大提高了水稻播种品质。

4 秧田播种机。

* 1亩＝667m^2。

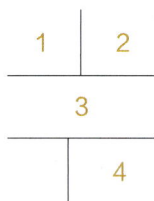

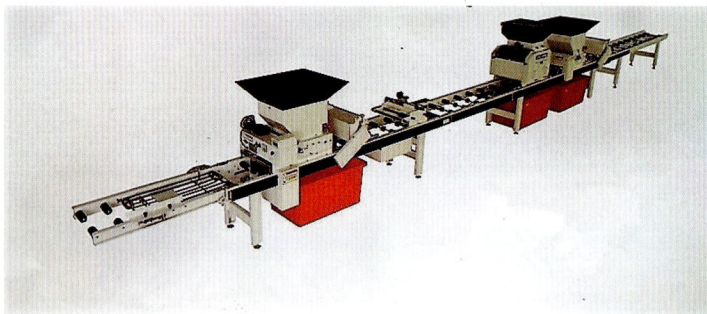

1	2
3	
	4

1 黑龙江农垦八五〇农场率先发明手动往返式水稻播种机，在育秧大棚内播种。

2 黑龙江农垦八五〇农场率先发明手动往返式水稻播种机，在大棚播种完成后覆表土。

3 水稻育苗播种前人工摆盘、覆底土作业。

4 水稻钵盘播种覆土育秧机。

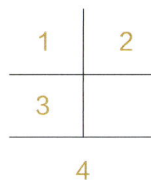

1	2
3	
4	

1 电动水稻播种机在大棚育秧作业。

2 水稻智能化催芽作业，自动浸泡，恒温催芽。

3 水稻智能化催芽浸种水洗。

4 黑龙江八一农垦大学科研团队研制的水稻植秸秆营养育秧穴盘科研成果，在齐齐哈尔市通力科技有限公司孵化，实现工业化生产。图为生产车间。

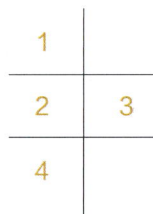

1 黑龙江八一农垦大学科研团队研制的水稻植秸秆营养育秧穴盘科研成果，在齐齐哈尔市通力科技有限公司孵化，实现工业化生产。图为生产车间。

2 水稻秸秆营养育秧穴盘加工流程成型工序。

3 水稻秸秆营养育秧穴盘加工流程成型工序。

4 水稻秸秆营养育秧穴盘加工需要的浆液，从右至左依次为粗浆液、过滤浆液、精磨浆液。

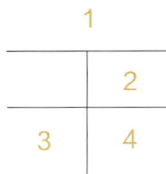

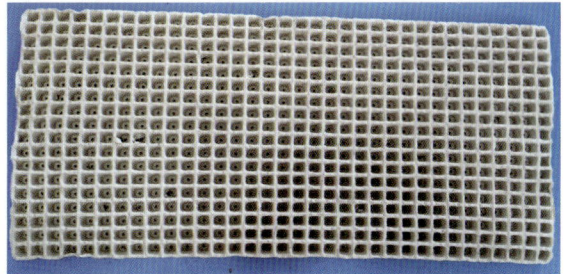

1	
	2
3	4

1　水稻秸秆营养育秧穴盘加工流程成品。

2　水稻秸秆营养育秧穴盘。

3　黑龙江八一农垦大学校长秦智伟向罗锡文院士介绍水稻秸秆营养育秧穴盘。

4　农业专家在察看水稻秸秆营养育秧穴盘育秧苗须根生长情况。

1	2
3	4
	5

1 水稻秸秆营养育秧穴盘育秧苗。

2 水稻智能催芽中心。

3 水稻育秧起秧苗机。

4 水稻现代智能规范育秧大棚。

5 水稻育秧期结束，平起托盘运秧作业。

1	2
3	4
5	

1　水稻秸秆营养育秧穴盘在育秧大棚的秧苗长势情况。

2　日本洋马高速六行乘坐式插秧机，在进行插秧前的上秧苗作业。

3　水稻侧深施肥插秧作业。

4　日本洋马高速六行乘坐式插秧机，在进行水稻秸秆营养育秧穴盘秧苗插秧作业。

5　水稻秸秆育秧营养穴盘科研成果推广示范，在黑龙江农垦八五七农场春播现场进行。

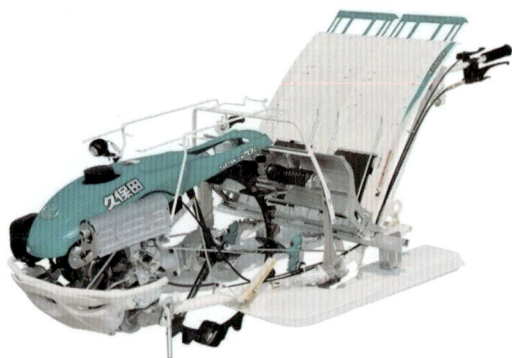

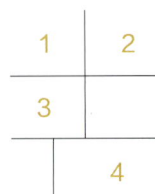

1	2
3	
	4

1 手扶步进式水稻插秧机。

2 独轮乘坐式水稻插秧机。

3 黑龙江农垦友谊分公司，高性能日本洋马高速六行乘坐式插秧机已达四千台。

4 黑龙江垦区宝泉岭金宇农机公司制造的省工水稻秧苗运苗车。

1　水稻田里的SX-289机耕船。

2　ARBOS-ZP9500水田植保机。

3　水稻植保机。

4　水稻田间多功能车在植保喷药作业。

5　旱平垄作双深双侧水稻新的栽培模式，中期长势情况。

	1	
2		3
4		
5		

1 水田用的机滚船。

2 日本久保田柴油八行高速插秧机在进行宽窄行
插秧作业。

3 格兰PS系列水稻田专用摆杆精量撒肥机作业。

4 旱平垄作双深双侧水稻新的栽培模式示范试验
基地，秋收水稻测产。

5 水稻大田叶龄诊断生长期智能管控。

1 水稻田间管理智能监测系统。

2 3WP-500G自走式高地隙喷杆喷雾机（水旱两用）。

3 北大荒农业公园。

4 黑龙江北大荒通用航空公司机场停机坪一隅。

1	
2	3

1 工作人员为航化作业配制航化药剂和叶面有机肥。

2 黑龙江北大荒通用航空公司，2016年刚引进的美国罗宾逊直升机公司生产的R66型直升机，首次对垦区水稻进行航化作业前，药剂加注。

3 R66型直升机对水稻种植区进行航化作业。

1. 黑龙江农垦八五——农场，无人机对水稻进行喷洒叶面肥作业。

2. 黑龙江垦区哈拉海农场引进的无人喷药飞行器正在田间作业。随着农业现代化步伐的加快，黑龙江垦区哈拉海农场的种植户段春雷购进了无人喷药飞行器用于田间植保，达到了提高作业效率、提升作业质量、降低本田管理成本等效果。这架无人喷药飞行器由于采用了微量喷雾，雾化效果较好，加之螺旋桨的风速，可使农作物叶片两面都可附着农药，极大地增强了喷施效果。据了解，该无人喷药飞行器平均一天作业量可达到500亩以上，超过人工作业效率10倍。

3. 农业部水稻整建制高产创建展示区。

4. 在希望的田野上。

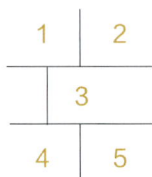

1	2
	3
4	5

1 金秋时节北大仓，喜看稻菽千重浪。

2 日本洋马GC80半喂入式水稻收割机收获作业。

3 水稻割晒作业。

4 约翰迪尔C100（原3316）联合收割机捡拾联合收获作业。该机配套功率140马力*，喂入量6kg，工作幅宽457cm，适用于水稻、大豆和小麦收获。

5 水稻拾禾收获联合作业。

---

* 1 马力（米制）＝ 0.735kW。

1 久保田688Q收割机跨区作业。该机自重2600kg，收割效率3～8亩/h，割幅2000mm。

2 水稻收获作业。

3 水稻收获作业。

4 福田雷沃谷神联合收割机收获作业。

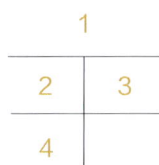

1 格兰CTS保护性耕作大型联合整地机。

2 格兰QUALIDISC系列高速圆盘耙。

3 格兰7铧岸上岸下翻转犁作业。

4 格兰7铧岸上岸下翻转犁。

1 牵引式液压双向翻转半栅条犁加铧犁。

2 东方红 - 1002履带拖拉机，牵引五铧犁进行秋翻地作业。

3 凯斯375履带拖拉机牵引联合整地机械，进行玉米茬秋整地作业。

中国农业
机械化图鉴

	1	
2	3	
4	5	

1　橡胶履带折腰转向拖拉机。

2　铁牛牌胶轮拖拉机。

3　雷沃M2304-K轮式拖拉机。

4　东方红-LF1504轮式拖拉机。

5　S1204C拖拉机。

1	
2	3
4	

1 RG1504耕王轮式拖拉机。

2 AA2104耕王轮式拖拉机。

3 TNW8504-1铁牛拖拉机。

4 TNB2004-1铁牛轮式拖拉机。

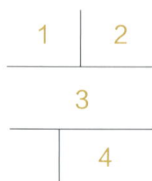

1	2
3	
4	

1 东方红-C902-D履带拖拉机。

2 WZ2304轮式拖拉机。

3 五征雷诺曼2304拖拉机。

4 麦赛格森MF8600系列拖拉机。

1	
2	3
4	5

1 ARBOS拖拉机。

2 T2104纽荷兰拖拉机。

3 T1104纽荷兰拖拉机在作业。

4 T1104纽荷兰拖拉机。

5 约翰迪尔8R-3204拖拉机。

1	
2	3
4	5
6	

1　约翰迪尔大马力拖拉机。

2　约翰迪尔轮式拖拉机。

3　美国卡特比勒MT760C橡胶履带拖拉机。

4　美国卡特比勒MT865-500马力橡胶履带拖拉机。

5　履带式拖拉机。

6　变形拖拉机。

```
    1
2  |  3
   4
```

1 半履带式拖拉机。

2 山地拖拉机。

3 拉力赛专用拖拉机。

4 约翰迪尔JD-7830轮式拖拉机，进行镇压作业。

	1	
2		3
4		

1 德国LEMKEN碎土旋耕机。

2 牵引式驱动圆盘犁。

3 双向液压栅条犁。

4 凯斯210拖拉机悬挂法国贝松SPML5铧液压翻转犁玉米茬翻地作业。

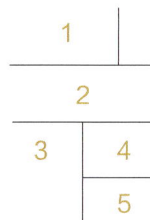

1	
2	
3	4
5	

1 福克森7624拖拉机悬挂法国贝松SPML5铧液压垂直翻转犁，进行玉米茬翻地作业。

2 约翰迪尔JD-7830拖拉机悬挂5铧双向犁，进行玉米秋收后翻耕作业。

3 凯斯210拖拉机悬挂法国贝松SPML5铧液压翻转犁，进行玉米茬翻地作业。

4 牵引式液压双向水平翻转5铧犁。

5 福克森2204拖拉机悬挂法国贝松SPML5铧液压翻转犁，进行玉米茬翻地作业。

1	
2	3
4	

1 融雪耙地。

2 约翰迪尔JD-7830与凯斯M190，耙积雪，抢备春耕。

3 凯斯MXM210拖拉机悬挂法国贝松SPML5铧液压翻转犁，进行玉米茬翻地作业。

4 液压栅条翻转五铧犁。

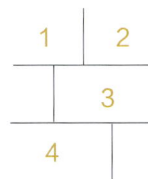

1	2
3	
4	

1　凯斯STX535牵引凯斯s300联合整地机，进行玉米茬深松作业。

2　迪尔1354拖拉机悬挂国产起垄施肥整形镇压器，进行复式导航起垄作业。

3　约翰迪尔JD-8420拖拉机悬挂国产克山施肥机，进行玉米茬施肥作业。

4　V形耙镇压保墒。

1	2
3	4
5	

1 SP-6气吸精量播种机。

2 国产常发554拖拉机悬挂进口满胜6行播种机，进行玉米随播随起垄作业。

3 约翰迪尔JD-7830拖拉机悬挂意大利进口马斯奇奥12行播种机，进行玉米播种作业。

4 格兰2BQJ-12免耕精量播种机。世界上第一台精量播种机于1987年诞生在格兰集团位于德国赛斯特的工厂。

5 约翰迪尔JD-7800拖拉机悬挂意大利进口马斯克12行播种机，进行玉米播种作业。

1	2
	3
4	5

1 约翰迪尔JD-7830拖拉机悬挂意大利进口马斯克12行播种机，进行玉米播种作业。

2 迪尔854拖拉机悬挂进口马克6行播种机，进行玉米播种作业。

3 马克12行玉米精量播种机。

4 维美德191拖拉机悬挂进口库恩12行播种机，进行玉米播种作业。

5 凯斯MXM210拖拉机悬挂进口马斯奇奥12行播种机，进行玉米播种作业。

	1	
2		3
		4
	5	

1　牵引式超多行玉米气力式精量播种机。

2　国产雷沃1354拖拉机悬挂进口满胜6行播种机，进行玉米免耕播种作业。

3　保护地进口免耕播种机。

4　格兰CLCPRO免耕、少耕复式联合整地机。

5　格兰CLCPRO免耕、少耕复式联合整地机。

1	2
	3
4	

1 FS-2BXS-12C型免耕精播机械。

2 凯斯385拖拉机牵引进口气力式免耕播种机,进行玉米播种作业。

3 DEBONT牵引式气吸式免耕精密播种机。

4 格兰CLCPRO免耕、少耕复式联合整地机。

1	2
3	4
	5

1 DEBONT多功能覆土直播机。

2 地膜覆盖机。

3 残膜回收机。

4 马斯奇奥6行播种机。

5 约翰迪尔JD-7800拖拉机悬挂意大利进口马斯克12行播种机，进行玉米播种作业。

1
2 | 3
4

1　维美德171拖拉机悬挂国产施肥机，进行玉米苗期施肥作业。

2　牵引式中耕施肥机。

3　拖拉机悬挂田间管理机，进行铺设滴灌管作业。

4　东方红-1002履带拖拉机悬挂中耕机，进行中耕作业。

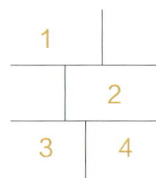

1　约翰迪尔1204悬挂中耕机，进行玉米中耕施肥作业。

2　维美德171拖拉机悬挂国产施肥机，进行玉米苗期施肥作业。

3　除草机。

4　天然气火力除草机。

```
      1
  2   |  3
      4
```

1 玉米中耕深施肥作业。

2 耕王2F-4000Q牵引式撒肥机。

3 格兰肥料抛撒机。

4 液态肥追肥机。

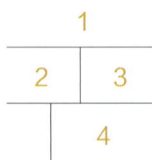

1 凯斯3230自走式高地隙喷药机正在喷洒作业。

2 波兰PZL/MIELEC飞机制造公司M-18B型飞机正在对玉米种植区进行航化作业。

3 玉米无人机航化作业。

4 维美德2204拖拉机悬挂国产喷药机，对玉米喷药作业。

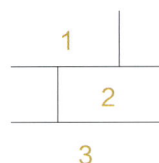

1 3WF系列高效低污染防漂移喷杆式喷雾机适合在粮、棉、菜等农作物苗前和苗后期进行灭草剂、杀虫剂、叶面肥、生长素等各种药剂的喷洒，防治病虫害，促进作物生长发育。该机多项技术属国内首创，喷洒作业质量好，农药利用率高，使用安全可靠，大大降低了病、虫、草害造成的粮食损失，并能够最大限度地降低对周围环境的污染，保障操作者安全。专家鉴定结论为国际先进水平，获得黑龙江省科技进步一等奖。

2 约翰迪尔喷雾机作业。

3 凯斯3320自走式喷药机进行玉米喷药作业。

1	2
3	4

1　自走式高秆作物喷雾机。

2　凯斯3320自走式喷药机。

3　3WX-3000HA自走式旱田作物喷雾机。

4　3WX-2000G自走式高秆作物喷雾机（植保机械）。

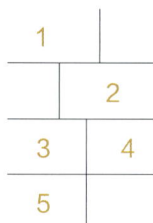

1　约翰迪尔S660联合收割机。

2　大型玉米联合收割机。

3　玉米联合收割机。

4　玉米联合收割机前部分结构。

5　CEXON760玉米联合收割机。

	1	
2		3
4		5

1　克拉斯TUCANO570自走式玉米联合收割机的割台。

2　克拉斯TUCANO570自走式玉米联合收割机。

3　AGCO谷物收割机。

4　背负式玉米收割机。

5　青玉米收割机。

1	2
3	4
	5

1 玉米果穗收割机。

2 约翰迪尔S660玉米联合收割机。

3 克拉斯770玉米联合收割机。

4 克拉斯770玉米联合收割机。

5 克拉斯770玉米联合收割机。

1	
2	
3	4

1　约翰迪尔S660玉米联合收割机。

2　凯斯6088收割机，进行玉米收割作业。

3　凯斯6088收割机，进行玉米收割作业。

4　凯斯6088收割机，进行玉米卸粮作业。

```
    1
  ┌───┬───┐
  2 │ 3
  ├───┼───┤
      │ 4
  ├───┼───┤
      │ 5
```

1. 金亿4YZP-4玉米收割机进行下棒作业。
2. 凯斯6130收割机进行抢收玉米作业。
3. 约翰迪尔谷物联合收割机。
4. 约翰迪尔S660联合收割机进行玉米卸粮作业。
5. 翔汉玉米脱粒机进行场上脱粒作业。

1 谷王5HXG-15型15吨低温干燥机组。

2 大型烘干装置。

3 移动式小型烘干设备。

4 玉米晾晒、归仓。

5 玉米晾晒、归仓。

1	2
3	
4	5

1　约翰迪尔824拖拉机悬挂石家庄双行灭茬机，进行玉米灭茬作业。

2　牵引式格兰FXZ秸秆还田机。

3　凯斯M190拖拉机牵引纽荷兰BR7000型小方捆打捆机，进行玉米秸秆打捆作业。

4　凯斯210拖拉机牵引弗格森2170型高压大方捆打捆机，进行玉米秸秆打捆作业。

5　纽荷兰2104拖拉机牵引纽荷兰BB9080型高压大方捆打捆机，进行玉米秸秆打捆作业。

第四章

大豆生产全程机械化

4

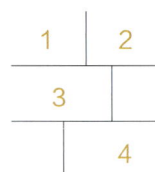

```
 1 | 2
   3
      4
```

1 大豆形态。

2 大豆形态。

3 凯斯375拖拉机牵引联合整地机，进行大豆收获后的秋季联合整地作业。

4 德国LEMKEN灭茬缺口圆盘耙作业。

1	2
3	
4	5

1　液压5铧翻转犁作业。

2　格兰翻转犁系列。

3　格兰1Z-360-A/1 2-360-B免耕、少耕复式联合整地机作业。

4　格兰岸上岸下7铧犁作业。

5　大豆灭茬机。

1	
2	3
	4

1 液压5铧翻转犁作业。

2 大豆地高速灭茬机作业。

3 库恩Optimer+牵引式灭茬机。

4 高速灭茬整地联合作业机。

1 灭茬整地机作业。

2 牵引式波纹盘耙联合整地机。

3 大豆播种作业。

4 ARBOS-2BTGF-09A精量多种类谷物播种机。

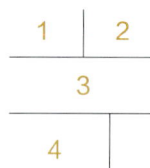

1	2
3	
4	

1 凯斯STX375拖拉机牵引气力精密播种机，进行播种变量施肥。

2 格兰Optima重载型精量点播机进行大豆播种作业。

3 约翰迪尔7830拖拉机悬挂中耕机，进行大豆田间中耕施肥作业。

4 黑龙江农垦牡丹江管局凯斯大马力拖拉机群在俄罗斯进行整地作业。

1 黑龙江农垦牡丹江管局凯斯大马力拖拉机群在俄罗斯进行整地作业。

2 凯斯375拖拉机牵引喷药机，对已播大豆地进行苗前封闭药喷施作业。

3 东方红75或802拖拉机悬挂中耕机，进行大豆中耕作业。

4 约翰迪尔大马力拖拉机群进行大豆田间中耕作业。

1	2
3	
4	

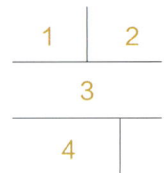

1 大豆植保机械开赴大豆田。

2 大豆植保喷药作业。

3 哈尔滨飞机制造厂（现中航工业哈尔滨飞机工业集团）生产的Y11型飞机正在对大豆种植区进行航化作业。

4 大豆植保喷药作业。

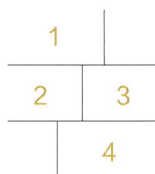

1 圆形喷灌机进行喷灌作业。

2 JP75-200型卷盘式喷灌机。

3 使用LDS-1H快速粮食水分测定仪测定大豆水分。

4 约翰迪尔S600联合收割机群进行大豆收割作业。

1　克拉斯谷物联合收割机。

2　黑龙江垦区金秋时节，大豆联合收割和整地同时进行作业。

3　黑龙江省黑河市嫩江县进行机械收获大豆作业。

2017年8月18日，在全国黑河食用大豆产业发展高峰论坛会上，国家大豆产业技术体系首席科学家韩天富用一系列数据评价说："黑龙江省黑河市大豆总异黄酮、卵磷脂等多项指标高于全国水平及东北地区平均水平，商品性好、市场竞争能力强。黑河市地处高纬，日照时数长，昼夜温差大，有利于大豆干物质积累。土壤有机质含量高，土层深厚，供肥能力强，化肥施用量较少。病虫害发生轻，农药施用量和残留量少。黑河境内没有对环境造成严重污染的工业和其他污染源，森林覆盖率高，土壤、水源和空气清洁，满足绿色食用大豆生产要求。耕地资源丰富，生产规模大，机械化水平高，建设规模化、集约化商品大豆生产基地的区位优势突出，是我国大豆种植面积最大、总产量最高的地级市，在我国大豆产业发展中有着举足轻重的作用。大豆品质优良，多项指标高于全国水平。"

黑河市市委书记秦恩亭表示："黑河作为'中国大豆之乡'，近年来种植面积稳定在1000万亩，占全省的1/3、全国的1/10，被授予中国绿色生态大豆生产示范基地和中国优质大豆生产基地，同时也是我国最大的非转基因大豆种植区。今后一个时期，黑河市将以发展食品大豆种植加工为重点，打造100万亩核心区、1000万亩紧密区、3000万亩辐射区，为推动黑龙江乃至全国大豆产业振兴发展作出应有贡献。"

1	2
3	5
4	

1　约翰迪尔9660STS收割大豆。

2　克拉斯770大豆收割机作业。

3　大豆运抵烘干场地。

4　循环式谷物干燥机。

5　牧羊金丰MHXD-55型（30吨/批）低温循环烘干机，具有特大烘干层、效率高、独特风机、烘干无死角、全
　　PLC控制系统等特点，可实现全自动无人烘干作业。

第五章　小麦生产全程机械化

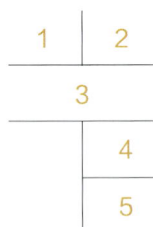

1 小麦形态。

2 小麦形态。

3 为确保春小麦播种不误农时，提早开始农机作业融雪。

4 凯斯375履带拖拉机牵引凯斯730B复式联合整地机，进行小麦收获后的秋整地作业。

5 格兰Qualidisc4000系列高速圆盘耙——整地灭茬高手。

1 格兰翻转犁。

2 格兰LO-5牵引式液压双向翻转机。

3 格兰150B系列翻转犁。

4 棘齿耙。

5 U230旋耕机。

1 凯斯375履带拖拉机牵引耕耘机，进行小麦播种前灭茬整地作业（一）。

2 凯斯375履带拖拉机牵引耕耘机，进行小麦播种前灭茬整地作业（二）。

3 约翰迪尔7830全悬挂2BS-5.4（6.3）型小麦播种机，进行小麦播种作业。

4 2BMF-24悬挂式小麦施肥播种机。

5 2BMF-24牵引式小麦施肥播种机。

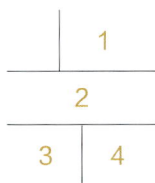

```
        1
      2
   3    4
```

1 德特拖拉机牵引3台约翰迪尔450播种机，进行小麦播种作业。

2 约翰迪尔9520T拖拉机牵引1820精量播种机，进行小麦播种作业。

3 黑龙江垦区春播小麦。

4 黑龙江垦区春播小麦。

1 格兰 iXter B系列B10喷药机。

2 约翰迪尔3518CTS联合收割机进行小麦收割作业。

3 约翰迪尔9600STS联合谷物收割机在拾禾小麦。

4 大马力联合谷物收割机在收割小麦。

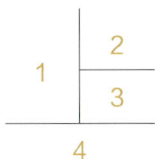

```
      2
  1 ──┬──
      3
    ──┴──
      4
```

1 约翰迪尔大马力多功能谷物联合收割机。

2 万国轴流自走式联合收割机对小麦进行收割作业。

3 麦赛福格森自走式割晒机对小麦进行割晒作业。

4 自走轮式谷物联合收割机。

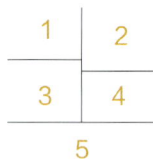

1	2
3	4
5	

1 收割的小麦卸载装车。

2 约翰迪尔拖拉机牵引小麦割晒作业。

3 谷王履带式联合收割机。

4 小麦晒场晾晒作业。

5 约翰迪尔对割晒后的小麦进行捡拾作业。

1 小麦拾禾作业。

2 小麦烘干设备。

3 收割的小麦运抵烘干场地。

4 循环式烘干设备。

5 谷王DM250循环式谷物干燥机。

第六章

马铃薯生产全程机械化

6

1
2
3

1　马铃薯形态。

2　融雪耙地抢农时。

3　Europal 8/4+1，5铧犁。

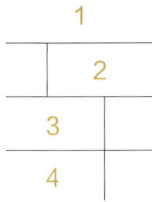

```
1
    2
3
    4
```

1 复式少耕整地机。

2 缺齿耙机。

3 深松联合整地机。

4 德国GRIMME（格立莫）CS150
土石分离机。

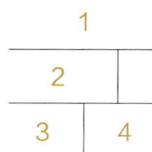

1　格兰CTS保护性耕作大型联合整地机在作业。

2　联合整耙地机。

3　折叠翻转犁。

4　杆齿深松机。

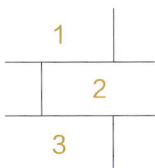

1　格立莫GL-35T马铃薯播种机在作业。

2　格立莫GL-35T马铃薯播种机在作业。

3　牵引式马铃薯播种机。

1 无人机进行马铃薯航化作业。

2 格立莫SE140大型马铃薯播种机。

3 格立莫SE140大型马铃薯播种机。

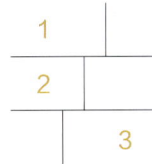

```
1
2
3
```

1 格立莫GL410系列4垄马铃薯播种机在作业。

2 格立莫SE系列马铃薯播种机。

3 马铃薯植保喷药作业。

```
1 | 2
    3
    4
```

1　ARBOS系列喷雾机。

2　马铃薯后悬挂行间中耕作业。

3　马铃薯中耕作业。

4　精量撒肥机。

```
  1 │ 2
 ─────────
     3
 ─────────
     4
```

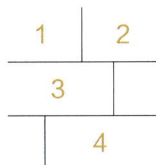

1 波兰PZL/MIELEC飞机制造公司M-18B型飞机正在对马铃薯种植区进行航化作业（低空喷洒作业）。

2 风送式喷雾机。

3 马铃薯中耕作业。

4 格立莫KS4500马铃薯杀秧机在作业。

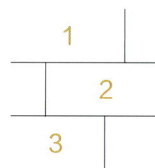

1　格立莫SE150马铃薯收获机在作业。

2　格立莫SE150-60两行式侧牵引式带料斗马铃薯收获机是专门进行大面积马铃薯收获的机械。

3　马铃薯收获作业。

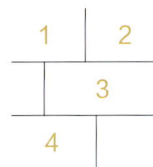

```
 1 | 2
   -----
    | 3
 4 |
```

1　自走式胶轮大马力马铃薯收获机。

2　马铃薯收获装车传送带。

3　德国SF170-60牵引式马铃薯收获机在收获作业。

4　国产牵引式马铃薯收获机。

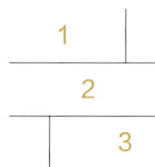

1 格立莫马铃薯入库卸
载设备。

2 马铃薯自动分离石块
机械装置。

3 格立莫马铃薯仓储出
入库设备。

第七章 棉花生产全程机械化

```
        1
   2    3
        4
```

1 棉花形态。

2 格兰CTS保护性耕作大型联合整地机在作业。

3 格兰翻转犁进行联合整地作业。

4 浅翻深松整地作业。

1	2
3	4
5	6

1 凯斯375拖拉机带复试整地机整地。

2 德国LEMKEN联合整地，液压翻转犁作业。

3 清除棉花地里残膜钉齿耙。

4 清除棉花地遗留残膜机。

5 机采棉播种机在铺膜播种作业。

6 棉花铺膜精密播种作业。

1	2
3	4
	5
	6

1. 铺膜多行采棉播种机在作业。

2. 两膜12行机采棉播种机在作业。

3. 机采棉播种机在作业。

4. 铺膜多行采棉播种机在作业。

5. 铺膜多行机采棉精密播种机作业现场。

6. 检查棉花精量机播质量。

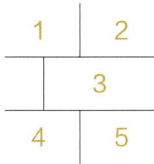

1	2
	3
4	5

1　无人机进行棉花化学脱叶催熟作业。

2　格兰牵引式喷雾，棉花田间管理，植保作业。

3　喷雾式棉花化学脱叶催熟作业。

4　3WF系列高效低污染防漂移喷杆式喷雾机适合在粮、棉、菜等农作物苗前和苗后期进行灭草剂、杀虫剂、叶面肥、生长素等各种药剂的喷洒，防治病虫害，促进作物生长发育。该机多项技术国内首创，喷洒作业质量好，农药利用率高，使用安全可靠，大大降低了病、虫、草害造成的粮食损失，并能够最大限度地降低对周围环境的污染，保障操作者安全。专家鉴定结论为国际先进水平，获得黑龙江省科技进步一等奖。

5　无人机喷洒脱叶催熟剂。

1	2
3	4
5	6

1 约翰迪尔采棉机作业。

2 凯斯CPX620 6行采棉机。

3 约翰迪尔7760自助打捆6行采棉机在作业。

4 约翰迪尔7760自助打捆6行采棉机在作业。

5 约翰迪尔7760自助打捆6行采棉机在作业。

6 约翰迪尔7760自助打捆6行采棉机在作业。

1　棉花收获现场。

2　棉花收获现场进行籽棉打模作业。

3　棉花收获现场进行籽棉打模作业。

4　新疆地区采棉期打包好的新棉集结待外运。

5　新疆地区采棉期打包好的新棉集结待外运。

6　检测人员对打包好的棉花进行温度、湿度检测，确保新棉仓储安全。

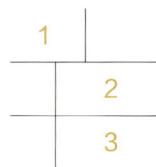

1　采棉现场转运打好捆的籽棉。

2　采棉现场转运打好捆的籽棉。

3　凯斯625型打捆采棉机。

第八章

花生生产全程机械化

8

1
2
3

1 靓丽的花生鲜花，花生硕果累累。

2 联合整地作业。

3 为花生喜生荏进行玉米地深翻地作业。

1	2
3	
4	

1 联合整地作业。

2 德国LEMKEN深松联合整地机。

3 格兰翻转犁在作业（一）。

4 格兰翻转犁在作业（二）。

1	2
3	4
5	
6	

1　格兰FURIo4+1牵引式液压双向翻转机。

2　播种花生作业。

3　花生免耕、少耕精量播种作业。

4　德邦大为气吸式免耕精密播种机进行花生播种作业。

5　花生铺膜播种作业。

6　花生精密播种。

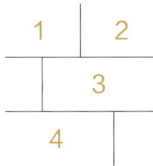

```
┌───┬───┐
│ 1 │ 2 │
├───┴───┤
│   3   │
├───────┤
│ 4     │
└───────┘
```

1　花生铺膜精密播种。

2　花生精量播种机作业。

3　花生铺膜播种。

4　精量施肥。

1	2
	3
4	5
6	

1 花生开花结荚期进行喷雾淋灌作业。

2 无人机花生植保航化作业。

3 花生田间管理植保作业。

4 花生起拔农机。

5 自走式花生脱粒农机。

6 自走式花生捡拾脱粒联合收获机。

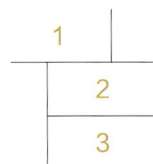

1 　2014年11月，国内首台研制成功的8行花生捡拾联合收获机在作业。

2 　花生联合收获机在作业。

3 　喜庆花生收获。

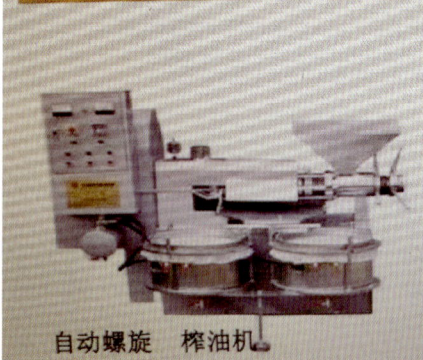

花生烘烤机

花生磨酱机

自动螺旋　榨油机

粉碎机

1	2
3	4
5	

1　AMADAS 4行花生收获机。

2　滚筒式快速烘干机。

3　全自动控制烘干机。

4　仓储烘干一体化。

5　花生深加工设备。

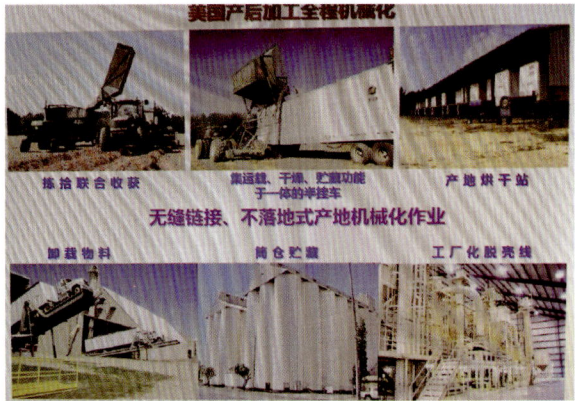

1 美国花生产后加工应用的各种单机。

2 美国花生产后加工全程机械化（一）。

3 美国花生产后加工全程机械化（二）。

4 美国花生产后加工全程机械化（三）。

第九章 油菜生产全程机械化

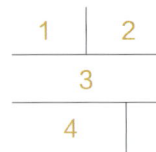

1	2
3	
4	

1-3 油菜形态。

4 水稻收获灭茬整地后播种油菜。

1

2

1　油菜播种前进行联合整地作业。

2　油菜种植免耕、少耕整地作业，对已收获的油菜地进行灭茬整地作业。

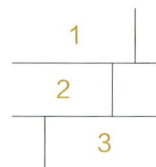

1	
2	
3	

1 德国LEMKEN气力精密谷物播种机。

2 油菜中耕施肥作业。

3 新型联合播种机旋耕、播种、施肥打药、开沟一气呵成。湖北武穴是中国的"油菜之乡",也是全国双低油菜生产大县,当地有句话叫"世界油菜看中国,中国油菜看湖北,湖北油菜看武穴"。

1	2
3	4
5	

1　无人机进行油菜航化作业。

2　无人机进行油菜航化作业。

3　国产油菜种植免耕、少耕复试作业播种机在演示作业。

4　油菜机械化条播机播种作业。

5　油菜机械化条播机精量播种作业。

1	2
3	4
5	6

1 无人机进行油菜航化作业。

2 大型油菜联合收获机在作业。

3 大型油菜联合收获机在作业。

4 收获油菜。

5 自走式油菜脱粒、秸秆还田联合收获机在作业。

6 中联重机谷王油菜联合收获机在作业。

1	2
3	4
5	6

1 油菜捡拾脱粒收获作业。

2 GPS导航大型油菜联合收获机在作业。

3 久保田油菜拾禾脱粒机在作业。

4 油菜收获联合作业机群。

5 油菜收获转运，颗粒归仓，喜获丰收。

6 油菜收获转运，颗粒归仓。

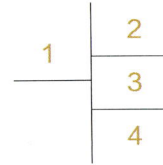

1　红薯栽植前铺膜覆土机作业。

2　小型红薯（地瓜）收获农机。

3　韭菜、芝麻、甘蓝、白菜等蔬菜播种机播种作业。

4　韭葱收获农机。

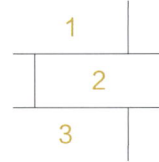

1 　甘蓝收获农机。

2 　葡萄架修剪枝机械。

3 　引进的自走式大型毛豆
收获机在作业。

1	2
3	4
5	

1 葡萄园（果园）喷药机。

2 葡萄收获农机。

3 蔬菜播种机。

4 黄瓜收获农机。

5 蔬菜播种机。

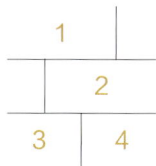

1　烟草秧苗移栽机械。

2　黑龙江农垦和平农场，德邦烟叶收割机在收获烟叶。

3　葵花子、南瓜、花生、荞麦、薏米等异形种子播种机。

4　收获谷物机械联合作业。

1	2
3	4
5	
6	

1 牵引式向日葵收获机。

2 蓝莓收获农机。

3 蔬菜施肥播种机。

4 适宜圆葱、芝麻、大葱、香菜、白菜、萝卜等
小粒种子的多功能蔬菜播种机。

5 向日葵收获机作业。

6 圆葱起收机作业。

1	2
3	
4	5

1　芦笋收获农机。

2　辣椒收获农机。

3　意大利法拉利蔬菜移栽机作业。

4　蔬菜大棚播种机。

5　自走式蔬菜植保机，喷药和喷施液肥。

1	
2	3
	4
	5

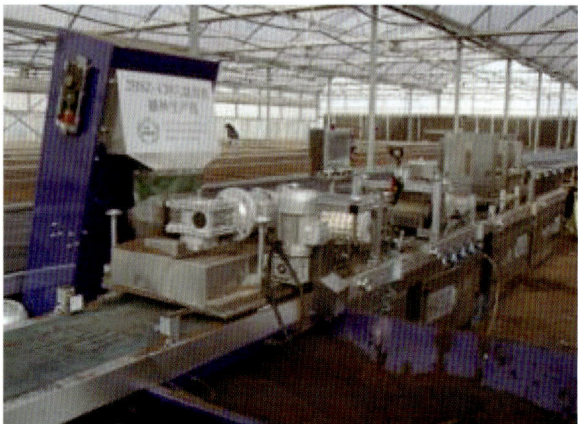

1　适合蔬菜大棚的小型整地机。

2　手扶上旋耕机。

3　适合蔬菜大棚的手扶拖拉机移栽播种机。

4　田园式管理机。

5　引进温室育苗播种机生产线。

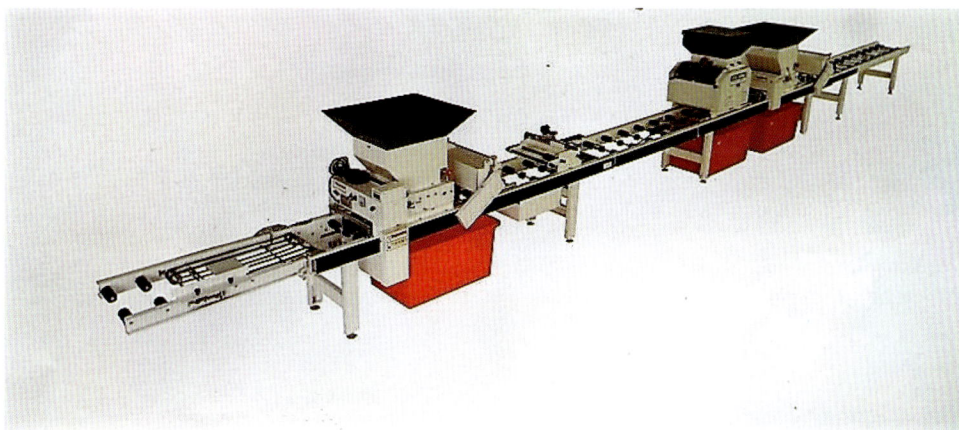

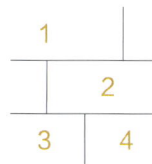

1 蔬菜穴盘自动播种机。

2 蔬菜大棚温室施肥农机作业。

3 汽油动力5行蔬菜播种机。

4 生菜、香菜小型播种机作业。

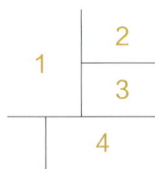

1　蔬菜大棚里的小型播种机。

2　手推式蔬菜播种机作业。

3　叶菜类蔬菜播种机。

4　大棚温室喷雾。

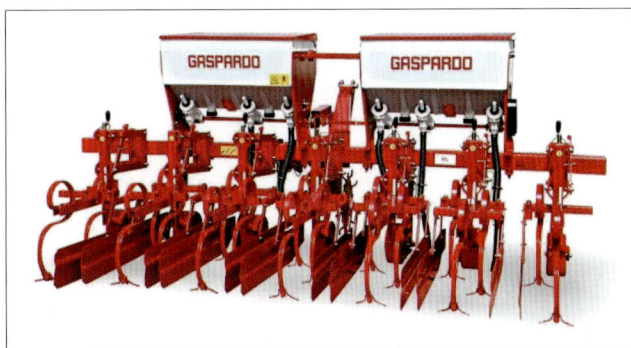

1　大棚温室小型蔬菜播种机作业。

2　蔬菜温室里小型机械收获叶菜。

3　拖拉机牵引式6行蔬菜播种机。

4　意大利法拉利蔬菜移栽机。

5　中耕施肥机。

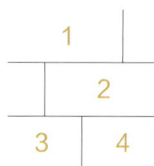

```
 1
   2
3    4
```

1 蔬菜移栽农机。

2 意大利法拉利Rotostrapp型蔬菜栽培机。

3 意大利法拉利FPP型蔬菜栽培机。

4 意大利法拉利F型蔬菜栽培机。

1　大型液肥喷洒机作业。

2　厩肥自动抛撒机。

3　蔬菜中耕起垄施肥、喷药作业。

4　蔬菜中耕。

	1	
2	3	
4		

1 栽植大蒜。

2 大蒜播种机作业。

3 2ZDS-5型自走式大蒜栽植机。

4 栽植大蒜。

1 意大利法拉利Futura型蔬菜栽培机。

2 蔬菜植保机。

3 牵引式蔬菜喷雾机。

4 大棚农机整地作业。

5 大棚农机作业。

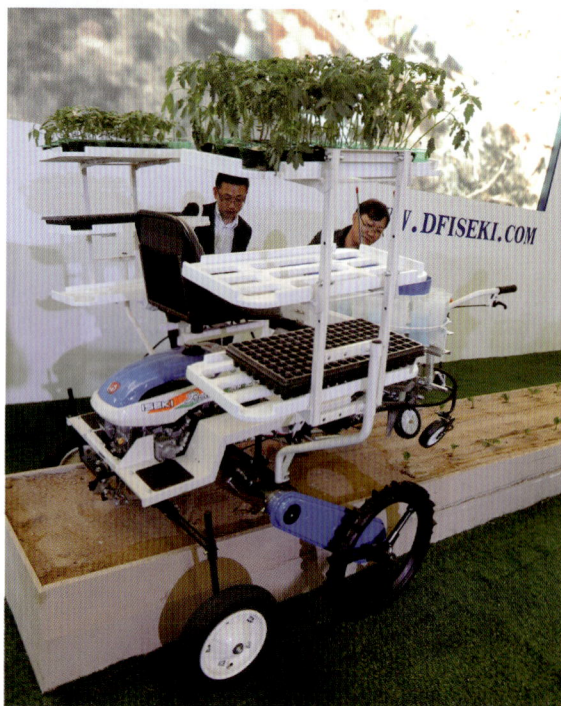

```
      1 |
    ----+  3
      2 |
   ------+----
      4 |
```

1 火龙果园里小型农机在作业。

2 大棚温室农机起垄作业。

3 自走式小型蔬菜移栽机。

4 PVHR4型蔬菜移栽机。

1 蔬菜大棚微耕机。

2 大棚温室设施农业链式开沟机。

3 番茄栽植机。

4 番茄收获农机。

1	2
3	4
5	6

1 芹菜播种机。

2 芹菜收获农机。

3 大葱收获农机。

4 南瓜（白瓜子）收获农机。

5 无人机进行茶叶航化作业。

6 无人机进行向日葵航化作业。

1	2
3	
4	

1 采茶农机。

2 格兰精密播种机进行亚麻种植作业。

3 气力式精密多种农作物种植机在播种亚麻。

4 啤酒花收获农机。

1	2
3	
4	5

1 自走式亚麻拔麻机。

2 自走式亚麻脱粒农机。

3 牵引式亚麻拔麻机作业。

4 比利时ARA-63型自走式亚麻拔麻机。

5 比利时NEOAHY-90型自走式翻麻脱粒机进行翻麻脱粒作业。

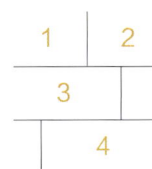

```
 1 │ 2
   3
   4
```

1 美国皮凯德603型芸豆拔秧机。

2 美国青刀豆收获机。

3 芸豆脱粒机。

4 菠萝收获农机。

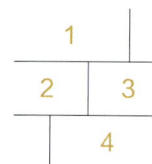

1　MARKANT系列方捆打捆机。

2　小方捆打捆机。

3　小圆捆打捆机。

4　旋转式牧草搂草机。

1　侧向牧草搂草机。

2　辊子式圆捆打捆机。

3　链式圆捆打捆机。

4　大方捆打捆机。

5　圆捆草薄膜机。

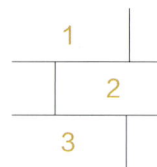

1 小方捆捡包机。

2 大方捆捡包机。

3 圆捆捡包机。

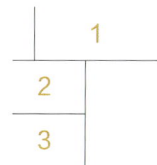

1 黑龙江垦区友谊生物质发电厂（玉米等农作物秸秆作燃料）。

2 黑龙江垦区研发的LDP-80林带断根铺膜机。

3 黑龙江垦区研发的LDP-80林带断根铺膜机，在田间护林带进行割根作业，以保护大田农作物生长前期安全，不受侵害。

第十二章

精准智能农业
技术装备

12

精准农业核心技术是"3S"技术，即全球卫星定位系统（GPS）、地理信息系统（GIS）和遥感技术（RS）。重点推广GPS自动导航驾驶操作应用技术，为提高机车标准作业水平和作业效率提供技术保证。3S技术主要应用于播种、起垄作业，与传统作业方式相比：一是标准高，可实现播行笔直、不重不漏、往复误差小（±2.5cm），大大提高了土地利用率；二是效率高，可进行昼夜作业，提高作业效率1～3倍。此外还可大幅提高拖拉机利用率和3S技术覆盖率及农机信息化技术应用水平。黑龙江垦区试验示范表明，精准变量施肥播种，增产在3%～4%。数字化精准农业作业机具与传统机型作业相比，节约燃油30%，提高生产效率20%，提高经济效益15%以上。

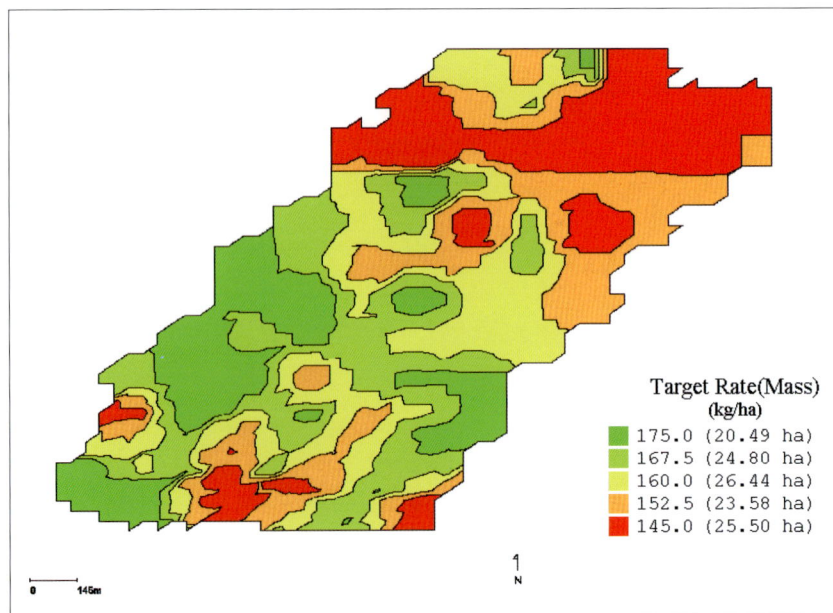

Target Rate(Mass) (kg/ha)

- 175.0 (20.49 ha)
- 167.5 (24.80 ha)
- 160.0 (26.44 ha)
- 152.5 (23.58 ha)
- 145.0 (25.50 ha)

1 卫星导航定位精准农业。

2 黑龙江垦区友谊农场五分场二队2号地大豆磷钾变量施肥处方图谱。

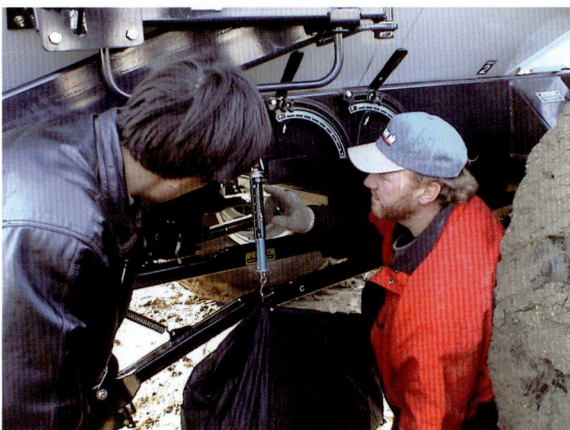

1 配备AutoTrac自动导航的约翰迪尔4630喷药机进行精准喷药演示。

2 安装在大型拖拉机上的卫星导航操控屏幕。

3 技术人员演示农机车载智能设备。

4 黑龙江八一农垦大学庄卫东教授与美国专家对变量施肥播种机进行排肥校准。

5 友谊农场凯斯375型拖拉机牵引播种机进行大豆变量施肥播种作业。

1	2
3	4
5	
6	

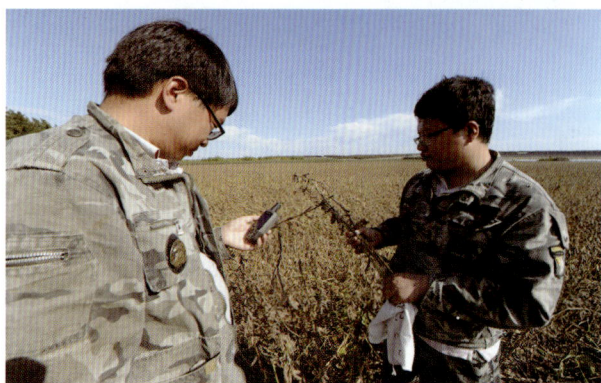

1 黑龙江农垦鹤山农场农业智能化拖拉机驾驶平台。

2 黑龙江垦区友谊农场使用凯斯公司ST820型播种机进行大豆变量施肥播种作业。

3 美国凯斯公司技术专家在友谊农场进行技术培训。

4 黑龙江垦区八五二农场大豆变量施肥试验区。

5 使用叶绿素仪监测大豆长势。

6 使用手持式卫星定位设备进行大豆作物定位采样监测。

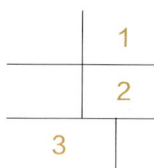

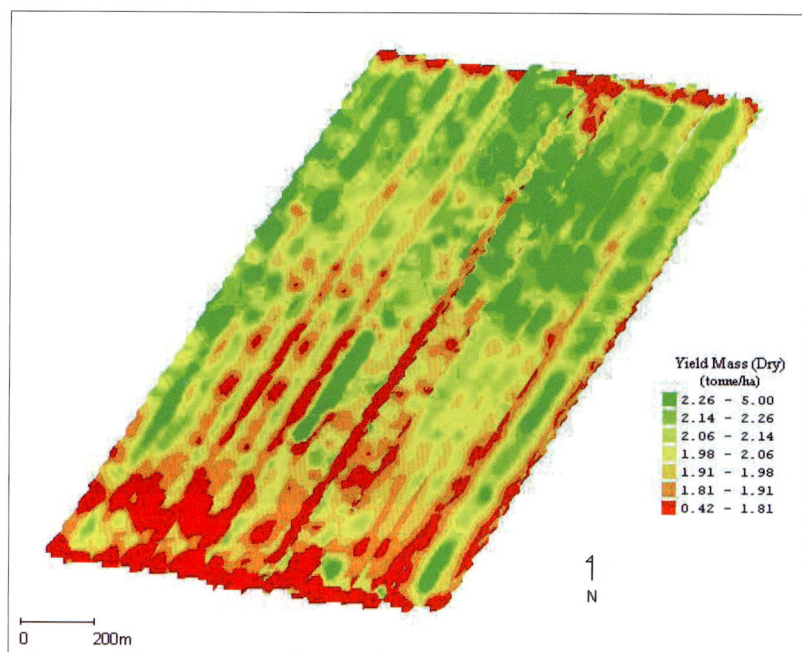

Yield Mass (Dry)
(tonne/ha)
2.26 - 5.00
2.14 - 2.26
2.06 - 2.14
1.98 - 2.06
1.91 - 1.98
1.81 - 1.91
0.42 - 1.81

N

0   200m

1 TUCANO570自走式玉米联合收获机，可监测粮食产量、温度的智能型谷物收获机械。

2 进行收获机产量监测粮食水分传感器校准。

3 大豆收获产量分布图谱。

我国农业机械化发展的历程

我国近代农业是在十九世纪九十年代产生的。这一时期，我国的农业技术特别是丝业、茶业中的加工技术落后西方，是引起我国近代农业发生的直接原因，故我国近代农业是以丝业、茶业的加工技术改造为起点而逐步发展起来的。走以生物技术改良为主的道路，是我国近代农业一开始出现就具有的特点，也是清末近代农业之所以能较快发展起来的一个重要原因。

新中国农业机械化的发展，取得了巨大的成就和历史性的进步，开创了具有中国特色的农业机械化发展道路。我国农业机械化实现从无到有，从初级阶段到基本实现机械化阶段，为提高我国农业综合生产能力，解放和发展农业生产力，促进农业稳定发展、农民持续增收和我国经济社会持续健康发展做出了重要贡献。目前我国很多地方已进入了全面机械化阶段。

中华人民共和国成立以来，我国农业机械化发展大体经历了创建起步、探索发展和全面发展三个阶段。

1. 1949至1977年，创建起步阶段

中央提出了明确的农业机械化发展目标和相应的指导方针、政策。国家在有条件的社、队成立农机站并投资，支持群众性农具改革运动，增加对农机科研教育、鉴定推广、维修供应等系统的投入，基本形成了遍布城乡、比较健全的支持保障体系。我国农机工业从制造新式农机具起步，从无到有逐步发展，先后建立了包括第一拖拉机制造厂、天津拖拉机厂、常州拖拉机厂等一批大中型企业，奠定了我国农机工业的基础。国有农场的建立为我国农业机械化发展起到了推动和引领作用。

2. 1978至2003年，探索发展阶段

1978年，国家确立在友谊农场进行现代化农业试验，建立我国北方旱粮产区综合实验基地。该场五分场二队使用引进的美国62台（套）约翰迪尔农机设备。《人民日报》配发编者按报道了"20人耕种11 000亩，平均每人产粮10万公斤"，在国内外引起了强烈反响。农村实行家庭联产承包责任制后，集体农机站逐步解散，国家对农业机械化和农机工业的直接投入逐渐减少，农机平价柴油供应等优惠政策逐步取消，曾经出现"包产到户，农机无路"的尴尬局面。1983年国家开始允许农民自主购买和经营农机，农民逐步成为投资和经营农业机械的主体。为适应农业生产组织方式的重大变革，农机工业开始第一轮大规模结构调整，重点生产了适合当时农村小规模经营的小型农机具、手扶拖拉机、农副产品加工机械、农用运输车等。而大中型拖拉机和

配套农具保有量停滞不前，机具配套比例失调，田间机械利用率低，农田作业机械化水平提高缓慢。国家步入市场经济后，农村劳动力开始出现大量转移趋势，农村季节性劳力短缺的趋势不断显现。1996年，国家有关部委开始组织大规模小麦跨区机收服务，联合收割机利用率和经营效益大幅度提高，探索出了解决小农户生产与农机规模化作业之间矛盾的有效途径，中国特色农业机械化发展道路初步形成。农机工业开始了新一轮产品结构调整，高效率的大中型农机具开始恢复性增长，小型农机具的增幅放缓，联合收割机异军突起，一度成为农机工业发展的支柱产品。

3. 2004年以来，全面发展阶段

2004年我国颁布实施了《中华人民共和国农业机械化促进法》，2004年至2009年的中央1号文件和十七届三中全会都明确提出了加快推进农业机械化的要求和措施。购机补贴政策对农业机械化发展和农机工业拉动效应显著，促进了我国农机装备总量持续快速增长、装备结构不断优化、农机社会化服务深入发展，农机工业产品结构进一步优化，向技术含量高、综合性能强的大型化方向发展，一批具有地域特色的产业集群具备雏形，产业集中度进一步提高。2004年以来，耕种收综合机械化水平年均提高2.7个百分点，农机工业产值年均增长20.5%，我国农业机械化进入了历史上最好的发展时期。2007年我国耕种收综合机械化水平超过40%，农业劳动力占全社会从业人员比例已降至38%，这标志着我国农业机械化发展由初级阶段跨入了中级阶段，农业生产方式发生重大变革，机械化生产方式已基本占据主导地位，我国农业机械化站在了新的历史起点上，以更快速度向更广领域、更高水平方向发展。

从拓荒者原始的锹镐、人拉犁，到现在的大马力拖拉机、联合收割机、飞机航化作业……黑龙江垦区农机化从无到有，从小到大，从简到全，先后经历了开荒建场初期的艰难起步、20世纪五十年代后期到七十年代的发展壮大、改革开放新时期的历史性跨越和进入21世纪向现代化迈进的历史进程。毫不夸张地说，黑龙江垦区近七十年开发建设的历程，就是一部中国农业机械化发展的历史。

黑龙江省的农具首次登大雅之堂是在1950年5月，毛泽东主席提议在中南海举办全国农具展览会，以此推动农具发展。这也是新中国成立后，第一次举办农具展览会。1950年7月1日参观后，毛主席命东北送来新式农具20套、苏联马拉农具1套，并命由政务院主持展览参观，主要面向中央人民政府所属各单位首长及政协全国会议委员（还有各单位工作干部参观，限于中南海范围内机关工作干部）。在政协全国会议闭幕那天，周恩来总理在大会上介绍了新式农具与军械展览（军械展览也在中南海内举办）的内容，毛主席说："看看新式农具与军械展览，是与大家有好处的。"这点充分说明了当时党和国家领导人对新式农具之关切与重视。展览地址在中南海游泳池院内，展览日期由5月18日至6月26日止，历时39天。这次农具展览在国内首开先河。

1966年2月19日，毛泽东给王任重的信指出："农业机械化的问题，各省、市、区应当在自力更生的基础上做出一个五年、七年、十年的计划，从少数试点，逐步扩大，用二十五年时间，基本上实现农业机械化。目前是抓紧从今年起的十五年。已经过去十年了，这十年我们抓得不大好。"当年，党中央和毛主席一直强调农业是国民经济的基础，农业的根本出路在于机械化。

曾经渺无人烟的北大荒，如今已建起我国耕地规模最大、机械化程度最高、综合生产能力最强的国有农场群，初步形成了以水利化、机械化、规模化、标准化和产业化为主要特征的现代农业生产经营模式，成为国家重要的商品粮基地、粮食战略后备基地和现代农业示范基地。当年的北大荒，如今已成为"中华大粮仓"。

友谊农场见证了中国农业机械化发展的历程

（1954—1970）

"马牛遍地走，锄头镰刀不离手"是当时共和国的农业耕作方式的真实写照。然而，友谊农场的诞生让国人看到了农业机械化发展的新曙光。

1954年12月7日，国务院常务会议通过了《关于建立国营友谊农场的决定》，由苏联政府赠给建设2万公顷面积的国营谷物农场所需的机器设备，并派遣一批苏联专家来农场担任顾问。这是中国第一个成套引进苏联农业机械的农场。建场初期使用的农业机械全部由苏联政府赠送，共计2279台/件，在以后将近二十年的农业生产建设中发挥主要作用。

在苏联赠送农业机械的基础上，我国农业机械制造技术水平得到了提高。1960年我国生产了第一批东方红-54履带式拖拉机，友谊农场装备36台，1970年又装备刚生产的东方红-75履带式拖拉机14台。这使农场的农业机械由单一引进机型向国产化转变，田间机械化作业程度由1960年的40%提高到1966年的83%，至此友谊农场基本实现了农业机械化，同时引导着垦区乃至全国农业机械化的发展方向。

在这一历史时期，全国劳模郝焕文的车组成功地摸索出了机车"四不、四要、五认真""八项措施""五项制度"。在此基础上总结出拖拉机的"五净、四不漏、六封闭、一完好"、农具"六不、三灵活、一完好"的农业机械技术状态管理措施，并在全垦区推广应用。

正是这些先进的农业机械应用，培养、造就了新中国第一批女收割机手之一的刘瑛同志，她驾驶C-6型牵引式联合收割机以班次收割小麦240亩的成绩，创造了轰动全国的新纪录，她所在的车组被团中央授予"保尔·柯察金突击队"的光荣称号，本人被誉为北大荒的"云雀姑娘"。近20年间，友谊农场向全国各地输送科技人员和熟练工人3000多名，圆满地完成了周恩来总理交给友谊农场"出经验、出粮食、出人才"的光荣使命。

北大荒谱写中国农业现代化发展新篇章

（1971—1990）

友谊农场经过了近20年的农业机械化发展后，为我国农业现代化发展积累了宝贵的经验。

1978年国家为加快农业现代化发展进程，决定在友谊农场五分场二队进行我国北方旱粮产区综合实验，并通过国际友人韩丁，从美国约翰迪尔公司引进当时具有国际先进水平的农业机械设备62台/件。友谊农场是中国第一个成套引进当时国际上具有先进水平农业机械的农场，在五分场二队进行试点，实现了旱作农业全程机械化，二队被誉为中国"现代化农业示范窗口"。这引起了党和国家领导人的高度重视，邓小平、李先念、王震等先后来到二队视察。至此，友谊农场为中国农业现代化发展谱写了新的历史篇章。

20世纪70年代是友谊农场由农业机械化向农业现代化发展的起步阶段。农场先后引进德国生产的E-514/516自走式联合收割机、约翰迪尔佳联收获机械有限公司生产的1000系列联合收割机，其中JDL-1075、JDL-1065自走式联合收割机为农场首选机型，动力机械以美国约翰迪尔JD-4450为主。这提高了农机整体装备水平，改善了农机结构，实现了优化组合，这一时期农场农业机械化的发展和应用为我国实现农业现代化积累了宝贵的经验。在友谊农场的示范下，黑龙江垦区相继建立了洪河、二道河、鸭绿河等一批装备国际先进农业机械的现代化农场。仅1980—1985年的六年间，全国已有16个厂家在五分场二队引进先进农业机械的启发下，研发制造农业机械产品达27种、4400多台/件，填补了我国农业机械的空白。

北大荒引领中国农业现代化发展方向

（1991—2010）

"旗帜就是方向"。当时代的车轮前进到20世纪90年代的时候，友谊农场始终引领着中国农业现代化发展的方向。

为了率先实现农业现代化，缩小与发达国家的差距，2001年农业部批准立项，确定五分场二队为精准农业试点单位。农场投资1200万元，购置美国凯斯公司具有卫星定位和产量监视的CASE2366联合收割机2台，STX375Q四独立橡胶履带折腰式拖拉机2台，用于保护性耕作的DMI730B复式深耕机2台，复式深松机2台，TMⅡ耕耘机1台，ST820大型麦类空气输送式变量施肥播种机及与其配套的2340型空气输送种肥车1台套，SPX3200型宽幅自走式变量喷药机1台，收割机配套割台7个，玉米脱粒部件2套，ASM1211型气吸式玉米精量播种机1台。美国天保公司的地面GPS差分纠偏站设备1套。友谊农场成为中国第一个实施精准农业项目的农场。

2004—2005年农场又先后引进美国约翰迪尔JD8420T/JD7820、凯斯STX375Q拖拉机、MXM190拖拉机、530B联合整地机、TMⅡ耕耘机等先进的农机设备。

　　2010年以来农场引进具有当今世界先进水平的约翰迪尔拖拉机9630型1台、7830型15台，联合收割机9870型1台；凯斯拖拉机535型1台、210型9台，联合收割机9120型1台；拖拉机自动导航驾驶操作系统40套及地面网络纠偏基站2个。国外先进农业机械的引进使友谊农场实现了农机装备由机械化向现代化的转变；国外先进农机数字化技术的应用使友谊农场农机装备由现代化向精准信息化方向发展，为垦区农业现代化的发展指明了方向。

　　纵观友谊农场农业机械化的发展历史，见证了中国农业机械化发展的历程；谱写了中国农业现代化发展的新篇；引领了中国农业现代化发展的方向。

北大荒60年主要农业机械发展进程

年限及保有量概况

1.1947—1959年

　　开荒建场初期，黑龙江垦区利用日伪留下和从苏联及东欧引进的农业机械建设了一批国有农场（通北、宁安、查哈阳等农场）。

　　20世纪50年代黑龙江垦区开始大规模开荒建场。1954年友谊农场建场，建场初期使用的农业机械全部由苏联政府赠送，共计2279台（件）。

　　主要机型：德特-54、C-80、C-6联合收割机，德国KS-07、匈牙利DT-413拖拉机，ACD-400联合收割机，дТ-28、尤特兹-45拖拉机，以及五铧犁、谷物播种机、圆盘耙等农具。

　　截至1959年，黑龙江垦区的拖拉机全部进口，来自11个国家31种型号，数量达3149台，拥有联合收割机1383台，机引农具13 689台（件）。

2.20世纪60至70年代中期

　　这一时期北大荒的机械动力主要以国产东方红54/75拖拉机为主，还包括国产、进口的联合收割机和垦区自行研制的农机具。1963年垦区购进东方红54拖拉机2000台以及联合收割机、汽车等，装备垦区100个机械化生产队。

　　截至1967年，垦区拥有履带拖拉机5339台、胶轮拖拉机1410台、联合收割机3427台、农具43 320台（件），同时装备推土机239台、铲运机31台，增强了农田基本建设能力。

　　1969年起，国产东风自走式联合收割机陆续进入垦区，东方红-75拖拉机进场。

　　20世纪70年代中期以来，垦区开始有选择地引进国外先进机械和生产技术。1974年垦区首次从民主德国引进E512和E516联合收割机，这种收割机马力大、脱粒性能强、质量好。

　　1976年垦区大中型拖拉机由1949年的171台增加到11 948台；联合收割机由1949年的13台增加到5894台，其中自走式联合收割机1880台。

3. 20世纪70年代后期至2000年

1978年，国家决定在友谊农场二队进行现代化农业试点，引进美国约翰迪尔公司先进机械62台（件）。

20世纪80年代，垦区加大了开放引进力度，在总结友谊五分场二队经验基础上，进一步扩大了试点范围和规模，1980年引进美国、日本一大批先进机械建设了洪河农场。

1983年垦区引进约翰迪尔公司JD-4450拖拉机250台、JD-1075收割机100台、其他机具604台，总计954台（件）。

1990年垦区从苏联和东欧国家引进德特75拖拉机1000台、T-150轮式拖拉机20台、323型轮式拖拉机22台、叶尼塞1200系列收割机190台和国产配套农具100台（件），改善了垦区农机装备结构，提高了田间作业机械化水平。

1993年垦区购置东方红802、东方红1002、东方红-1202等履带拖拉机3000多台，基本将5500台东方红-54淘汰。

截至1995年，垦区农机总动力245万kW，履带拖拉机13 259台，轮式拖拉机（不含小四轮）9196台，联合收割机8378台（共中E512 5000多台），大中型机引农具73 900台（件），旱田作业基本实现了机械化。

1999年，总局实施"24111"工程，引进国内外先进机械，先后引进纽荷兰M160大马力拖拉机363台与配套的约翰迪尔450型条播机477台，凯斯2366联合收割机20台，玉米收割机39台，半喂入水稻收割机100台，挖掘机172台；从国内购置东方红1002拖拉机400台，上海-654拖拉机600台，JL-1075 500台，全方位深松机467台等，总计1万台（件），进一步提高了农机装备水平。

截至2000年年末，垦区农机总动力331.6万kW，大中型拖拉机22 782台，其中履带拖拉机11 791台，轮式拖拉机10 991台，小型拖拉机60 720台，大中型配套农具56 390台（件），水稻工厂化育秧设备298套，玉米收割机325台，水稻收割机817台，农用动力排灌设备39 758台，农用汽车1139台。全垦区田间作业综合机械化率达80%，高出全省农村20个百分点，高出全国平均水平50个百分点。

4. 2001—2010年

2001—2002年，垦区购置东方红1002、1202拖拉机，纽荷兰110-90拖拉机及配套农具共计8135台（件）；淘汰了东方红-75拖拉机800台，各种农具5000台。

2002与2003年垦区先后从美国凯斯和约翰迪尔公司引进先进大型农机设备，分别在友谊农场和大西江农场进行"精准作业"和保护性耕作试验和示范。

2004年，垦区为加快发展农业现代化，提升现代农机装备水平，提高粮食综合生产能力，

发展畜牧业和第二、第三产业，决定建设实施53个旱田现代化农机装备试验区项目。当年垦区引进世界最先进的农业机械226台（件），其中150～450马力轮式拖拉机155台，大型配套农具61台，250～450马力大型自走联合收割机10台，试验区分布9个分局47个农场。

遥想拓荒初期，垦区靠的是3台火犁起家，建起了第一个公营机械化农场。改革开放近40年来，垦区利用世行贷款、补偿贸易、自筹资金等方式，大批引进和购置世界先进农机装备和国内农业机械，逐步装备了垦区所有农场。

2004年以来，垦区引进具有世界先进水平的大马力拖拉机、大型联合收割机和配套的具有保护性耕作技术的农机具，已拥有世界智能化大马力现代农机装备600台（套），重点装备了226个作业区。

这些大"宝贝"集卫星定位、自动导航、精量播种、变量施肥于一体，一次完成深松、浅翻、整地、播种、合墒、镇压6项作业，使垦区的农业生产率大幅提高，过去20天的活儿，现在三五天就结束了。

从2004年开始，垦区连续组织实施现代农机装备作业区建设，到2008年年底，垦区拥有农机资产总值87.52亿元，农机总动力达564.3万kW，形成了我国最大的农业机械群。目前，水田农机作业综合机械化率达93.5%。

目前，垦区的农业机械力量，除了完成垦区现有4000万亩耕地的耕作任务外，还能为地方农村代耕4000万亩，同时也具有到境外开发种地200万亩的能力。从2002年起，垦区为地方农村代耕服务、跨区作业面积累计6471万亩。

截至2010年年底，累计总数331个，垦区大马力机械负担旱田耕地1600万亩，引进国外大型先进农业机械共计2826台（套），其中180～535马力大型拖拉机1086台，同时引进更新一大批水田整地、育秧、收割机械，新增玉米、马铃薯、亚麻、甜菜等种植与收割机械，使玉米及经特作物机械化生产也有了较快发展。

"十一五"期间，垦区农机更新总投入达64亿元，比"十五"五年的投入总额增加113%，新增国内外先进农业机械总计达23.24万台（件），全面提高了垦区现代农机装备水平。截止到2010年年底，垦区农机总动力634.7万kW，拥有各类拖拉机80 752台，其中大中型拖拉机68 225台，还有大中型配套农具129 373台（件），水稻插秧机75 000台，联合收割机19 144台，玉米联合收割机1244台。田间作业综合机械化率达96.5%，远高于全省农村87%和全国52%左右的机械化水平，比2005年提高4.5个百分点，其中旱田达到97%；尤其水稻全程机械化有了新发展，水田达到95%，比2005年提高9.8个百分点。农机作业领域不断发展和延伸，其中航化作业2010年达到1500万亩，比2005年增加41%，现有农用飞机53架，机场60处）；农机作业由产中向产前产后，由垦区内向垦区外延伸，农机化发展空间不断扩大，总体上垦区农机化居国内领先水平，已基本达到世界发达国家先进水平。

北大荒农机博览园

"一部农机史，承载大荒情"。坐落于"天下第一场"友谊农场的北大荒农机博览园，是国家AAAA级旅游景区，占地35万平方米。园区集中展示了北大荒农机发展各个时期农业机械150多台（件），是目前国内唯一收集最全、规模最大的以农机为主题的展示园。目前，省农垦9个管局113个农场里除友谊农场有规模最大的农机博览园外，赵光农场、七星农场、鹤山农场、宁安农场等也收集建设了有一定规模的老农机展示区，成为传承农机文化的平台。

国内农机历史照片

1	2
3	4
5	6

1　1956年，苏联政府赠送我国的大批C-6谷物康拜因。

2　1957年，拖拉机牵引3铧犁开荒翻地作业。

3　1958年，小麦播种与播后镇压作业。

4　1958年，友谊农场14队机务区，农机维护管理。

5　GT-49牵引式联合收割机验收。

6　1959年，友谊农场建场初期牵引式收割机收割小麦及翻地作业。

```
1 | 2
  3
  4
```

1 1962年，黑龙江八一农垦大学师生上农机课。

2 1965年，黑龙江八一农垦大学农机系学生驾驶
斯大林100拖拉机牵引5铧犁翻地作业。

3 1965年，黑龙江八一农垦大学接收到新的农机
装备后师生合影。

4 第一批国产东方红54型号拖拉机到达北大荒。

1 1973年，黑龙江垦区老来农场三队革新组改制成功东方红54拖拉机，牵引苗间除草机具。

2 1976年，东方红54拖拉机牵引2台条播机播种小麦。

3 20世纪70年代初期，黑龙江垦区友谊农场机械厂自行研制的播种机（许长山摄）。

4 1977年，东方红54拖拉机进行翻地作业。

1	2
3	
4	

1 1977年，东方红54拖拉机牵引镇压器，进行整地作业。

2 1978年，黑龙江垦区友谊农场引进的美国约翰迪尔拖拉机及配套机械在田间作业。

3 1978年，黑龙江垦区友谊农场引进的美国约翰迪尔大马力拖拉机及配套农具。

4 1978年，黑龙江省农村还有很多农户用畜力牵引犁具耕种。

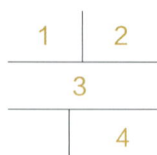

1	2
3	
	4

1 1979年，拖拉机在平地作业。

2 1979年，黑龙江垦区工作人员在进行早期的土地、气象信息检测。

3 1980年，小麦春播作业——人工加种加肥。

4 1980年，小麦大田机械喷灌作业。

1	2
3	4
5	

1 1981年，黑龙江垦区查哈阳农场农机人员使用GB-24行播种机进行麦田施肥。

2 1982年，黑龙江垦区克山农场东方红-54拖拉机悬挂3WM-650喷药机，进行小麦喷药作业。

3 1981年，春麦播种作业。

4 1983年，飞机喷洒农药前做准备。

5 1984年，黑龙江八一农垦大学研制的整地深耕大犁农机具。

1	
2	3
4	5
6	

1 1984年，大豆中耕喷药作业。

2 1984年，黑龙江八一农垦大学研制的大豆施肥播种机。

3 1985年，小麦割晒作业。

4 1985年，小麦拾禾作业。

5 1986年，大豆中耕喷药作业。

6 1986年，黑龙江八一农垦大学研制的拖拉机牵引的大型水渠开沟机，兴修水利工程。

1	2
3	
4	5
	6

1 20世纪80年代后期黑龙江垦区购买的东方红802新型履带式拖拉机。

2 1990年黑龙江垦区小麦收获季节，麦田里积水多，用履带式联合收割机作业。

3 1990年，黑龙江垦区三垄栽培技术，大豆播种。

4 1991年，黑龙江八一农垦大学研制的粮食烘干机。

5 1992年，东方红75拖拉机牵引旋转锄进行机械锄草作业。

6 2004年，黑龙江八一农垦大学研制的大豆精播机。

	1	
	2	3
	4	5

1　2005年，黑龙江垦区友谊农场又购进了一批新型国产东方红履带式拖拉机。

2　黑龙江垦区七星农场精准农业农机中心（一）。

3　黑龙江垦区七星农场精准农业农机中心（二）。

4　停放整齐的插秧机。

5　黑龙江垦区友谊农场拖拉机库房。

1　黑龙江垦区友谊农场进口大马力拖拉机库房。

2　黑龙江垦区友谊农场谷物联合收割机库房。

3　黑龙江垦区友谊农场进口谷物联合收割机库房。

4　黑龙江省垦区前进农场第六管理区农机管理中心。

	1	
2	3	
	4	

1　黑龙江垦区友谊农场的农机管理中心。

2　黑龙江垦区友谊农场的农机博览园陈列的现代大农机——甜菜收割机。

3　黑龙江垦区友谊农场进口的高地隙自走式喷雾机。

4　黑龙江垦区二道河农场从美国引进的JD4450拖拉机和配套农具。

```
1 | 2
3 | 4
```

1　北大荒大粮仓、大农机领跑全国。彩练当空舞，喜庆丰收，沃野千里稻菽香。

2　北大荒大粮仓艳阳天。

3　黑龙江垦区鹤山农场老农机展示园区一角。

4　黑龙江垦区友谊农场农机博览园的标志性建筑。

	1	
2		3
4		

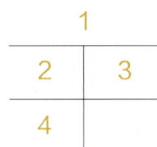

1 黑龙江垦区友谊农场的农机博览园全貌。"一部农机史，承载大荒情"。坐落于"天下第一场"友谊农场的北大荒农机博览园，是国家AAAA级旅游景区，占地35万平方米。博览园集中展示了北大荒农机发展的各个时期的农业机械150多台（件），是目前国内唯一的收集最全、规模最大的以农机为主题的展示园、博览园。这里一同展示了国内外农机的一些老照片和漫画作品。

2 北大荒农机博览园里的雕塑。

3 北大荒农机博览园里陈列、摆放的农业生产环节用过的老农机局部。

4 北大荒农机博览园里陈列、摆放的农业生产环节用过的老农机局部。

1	2
3	4
5	

1　第一位女拖拉机手——梁军。

2　当年人民币五元钞票上的女拖拉机手——梁军老人与自己的雕塑合影留念。

3　中国第一位女拖拉机手——梁军高兴地驾驶现代大马力拖拉机。

4　作家丁玲夫妇到友谊农场五分场二队参观并登上农机。

5　黑龙江垦区二龙山农场张守常车组驾驶的276号东方红-54拖拉机，创造了27年无大修的记录，于1994年被洛阳拖拉机厂以重金购回并陈列工厂荣誉室，誉为功勋车。

1	2
3	4
	5

1 我国第一台轮式拖拉机。

2 黑龙江垦区第一台自走式收割机。

3 黑龙江垦区20世纪50年代引进的第一台履带式拖拉机。

4 黑龙江垦区第一台牵引式康拜因。

5 黑龙江垦区20世纪50年代第一台马拉割晒机。

1	
2	3
4	

1　我国进口的第一台拖拉机。

2　第一台进入农村的拖拉机。

3　建国十周年广州市阅兵式上的拖拉机方队。

4　国内著名漫画家张滨的农机漫画获奖作品——战后梦想
　（获2006英国首届肯·斯普拉格国际政治漫画比赛第一名）。

国外农机历史照片（19世纪至20世纪初）

```
1 | 2
--+--
3 | 4
```

1 1856年，法国人阿拉巴尔特发明了世界第一台蒸汽动力拖拉机。

2 1882年的蒸汽拖拉机，现在仍能正常使用。

3 1901年，美国两位工科大学生查尔斯·哈特和查尔斯·帕尔创立的哈特-帕尔公司制造出了汽油拖拉机，随后首次小批量生产。

4 1903年的拖拉机。

```
1
2
3
```

1　1904年，美国工程师霍尔特设计制造了"77"型蒸汽拖拉机，第一台履带式拖拉机问世。

2　英国早期的铁铧犁。

3　美国早期的蒸汽拖拉机。

国内农机图谱

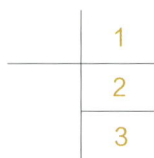

1　2　3

1 XT3（赫特兹）-54履带式拖拉机。该农机是国家"一五"计划期间由苏联政府于1954年援助友谊农场的农业机械设备之一，共计6台。发动机功率54马力，整机长3.676m、宽1.87m、高2.25m，轨距1.435m，地隙0.26m，重量5100kg。主要用于田间各项作业，是当时先进水平的农业生产动力机械，工作年限20年。

2 UTOS-45轮式拖拉机。该农机是罗马尼亚生产的万能型轮式拖拉机，1963年友谊农场购进24台，到1985年全场保有量为57台。该机型工作性能可靠，主要用于运输作业，并可从事田间管理作业，是农场20世纪60年代农业生产资料和生活用品的主要运输工具，为农场经济发展做出过重要贡献。该机功率45马力，整机长3.768m、宽1.884m、高1.6m，额定牵引力2.01×10^4N，重量3400kg，工作年限15年。

3 дт（德特）-54履带式拖拉机。该农机是国家"一五"计划期间由苏联政府于1954年赠送给友谊农场的农业机械设备之一，共计64台，是建场初期的主要动力机型。该机为柴油发动机，功率54马力，采用单缸汽油机启动主机。整机长3.676m、宽1.87m、高2.25m，轨距1.435m，地隙0.26m，重量5100kg。主要用于田间各项作业，工作年限20年，该机"дт-54"车标在20世纪60年代中苏关系恶化后被剃掉。

| 1 | 2 |
| 3 | 4 |

1 东方红-54履带式拖拉机。该农机是1959年洛阳第一拖拉机厂仿苏联的дт-54履带式拖拉机生产的我国第一批产品，1960年友谊农场购进36台，到1986年全场保有量为228台。其设计结构、基本数据和工作性能与дт-54履带式拖拉机相同。该机采用AE-54（4125）型柴油发动机，功率为54马力，发动机额定转速1300r/min，动力输出轴转速630r/min。整机长3.676m、宽1.87m、高2.25m，轨距1.435m，地隙0.26m，重量5100kg，工作年限18年。

2 东方红-75履带式拖拉机。该农机是1967年洛阳第一拖拉机厂生产的，是东方红-54履带式拖拉机的改进型。主要区别是增加了悬挂机构，采用新型Ⅱ号油泵和4125A型柴油发动机，功率增加到75马力，发动机额定转速增加到1500r/min，动力输出轴转速为577r/min，比东方红-54履带式拖拉机在经济性、使用可靠性、作业效率等方面都有所提高。1970年友谊农场购进14台，到1986年全场保有量为326台。该机1981年进场，整机长4.19m（带悬挂结构）、宽1.87m、高2.25m，轨距1.435m，地隙0.26m，重量5360kg，工作年限15年。

3 金龙牌履带式营林整地机。该农机是我国桂林林业机械厂1987年生产的小型链式推土机，主要用于林场山地作业，1988年友谊农场购进1台并保存至今。该机为295V型柴油发动机，功率24马力，发动机额定转速2000r/min。整机长2.4m、宽1.22m、高1.25m，重量1690kg，工作年限10年。

4 дт（德特）-175履带式拖拉机。该农机由苏联伏尔加格勒拖拉机制造厂生产，1990年友谊农场通过中俄边境贸易购进2台。该机为СМД-66型柴油发动机，功率175马力。整机长5.19m、宽1.86m、高2.92m，轨距1.33m，重量7450kg。该机主要用于田间耕地、整地作业，工作年限10年。

1	2
3	4

1 东方红-802履带式拖拉机。该农机由洛阳第一拖拉机制造厂生产，1993年友谊农场购进3台。该机型是在原东方红-75基础上吸取дт-75履带式拖拉机的优点研制而成，采用4125A4型柴油发动机，功率提高到80马力，额定转速提高到1550r/min。整机长4.5m、宽1.85m、高2.432m，重量6200kg，地隙0.26m。该机主要用于田间生产作业和推土作业，工作年限10年。

2 铁牛-55轮式拖拉机。该农机是天津拖拉机厂生产的万能型轮式拖拉机，1970年友谊农场购进10台，到1990年全场保有量为322台。该机是1980年进场，柴油发动机为4115T型，功率为55马力，工作性能可靠，主要用于运输或田间轻负荷类型的作业。整机长4.108m、宽1.934m、高1.9m，额定牵引力1.37×10⁴N，重量3300kg，工作年限15年。

3 JD-4040轮式拖拉机。1977年为加快我国农业机械化进程，经国家计委、建委批准，垦区决定从国外引进当时具有世界先进水平的农业机械设备，在友谊农场五分场二队进行现代化农业试点，并列入我国北方旱粮产区现代化农业综合科学实验基地项目。1978年3月，垦区引进美国约翰迪尔公司农业机械设备62台（件），JD-4040轮式拖拉机是其中之一，仅有1台，主要用于田间管理作业。该机功率为111马力，工作性能可靠，技术先进，操作灵活，封闭驾驶室带空调。整机长4.8m、宽3.1m、高3.22m，工作年限30年。

4 IMT-5136轮式拖拉机由南斯拉夫生产，1989年出厂。1998年友谊农场购进1台，垦区保有量90台。该机功率为136马力。

1 上海 -50轮式拖拉机。该农机由我国上海拖拉机制造厂生产，1978年友谊农场购进32台，到1990年全场保有量为112台。该机为495A型柴油发动机，功率为50马力，与同类机型相比，耗油量较低、工作可靠性强、操作简便，低温条件下启动性能较好，外形尺寸较小，整机长3.1m、宽1.67m、高2.33m，主要用于运输作业，工作年限20年。

2 FIAT1000轮式拖拉机。该农机由意大利菲亚特公司生产，1976年友谊农场购进1台保存至今，主要用于运输作业。该机为Fiat8065.06型柴油发动机，功率为100马力。整机长4.14m、宽1.8m、高2.38m，重量4065kg，工作年限15年。

3 ГТЗ（哥特兹）轮式拖拉机。该农机是苏联生产的四轮驱动拖拉机，1989年友谊农场购进1台保存至今。该机为风冷发动机，功率40马力，整机长3.9m、宽1.75m、高2.35m，主要用于田间作业，工作年限10年。

4 JD-4440轮式拖拉机。1985年8月27日，时任中央政治局委员王震来黑龙江垦区友谊农场参加建场30周年庆典活动时，曾驾驶过这台拖拉机。友谊农场于1978年3月从美国约翰迪尔公司引进该拖拉机62台（套），该机功率150马力，工作年限30年。

全国劳动模范张福山同志曾经担任过这台机车的驾驶员、车长，按规程保养、保持机车状态完好，使用年限超过了国外同类机型。1995年4月，他被授予全国劳动模范荣誉称号。

1	2
	3

1 龙江 -12轮式拖拉机由黑龙江省富锦拖拉机制造厂生产。

2 DEUTZ-FAHRDX7.10轮式拖拉机（道依茨 - 法尔DX7.10）由前联邦德国道依茨 - 法尔农业技术股份有限公司生产，属于大型轮式拖拉机，1984年友谊农场购进1台，黑龙江垦区保有量85台，功率160马力。

3 ZETOR（热特）7211型轮式拖拉机。该农机是捷克斯洛伐克布尔诺市热特拖拉机厂生产的系列拖拉机，1985年友谊农场购进2台。该机为7201型柴油发动机，功率65马力，整机长3.65m、宽1.817m、高2.63m，重量3310kg，工作性能可靠，主要用于运输作业，工作年限10年。

1 纽荷兰M160轮式拖拉机是英国纽荷兰公司生产的M系列产品，出厂年份为1996年，黑龙江垦区友谊农场1999年购进16台。

2 JD-7800轮式拖拉机安装有导航系统，可实现自动驾驶，1995年友谊农场购进4台，垦区保有量30台，功率175马力。

3 集材-50履带式拖拉机。该农机（俗称爬山虎）由哈尔滨拖拉机厂生产，属于林业机械，具有良好的爬坡和越野能力，用于林区的集材作业，还可以利用后面的绞盘机完成木材归楞、清道及各种野外绞集作业和牵引运输作业。1993年友谊农场购进1台，该机为4115T6型发动机，功率50马力，发动机额定转速1800r/min，整机长4.6m、宽2.15m、高2.52m，重量6500kg，工作年限10年。

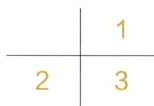

1　ZT323-A轮式拖拉机。该农机是德意志民主共和国前进农机联合企业国营帅恩贝克拖拉机厂生产的大型轮式拖拉机，1986年友谊农场购进2台。该机功率145马力，整机长4.53m、宽2.35m、高2.82m，主要用于田间耕地、整地作业，工作年限13年。

2　东方红 -28轮式拖拉机。该农机是我国第一批中型轮式拖拉机，由长春拖拉机厂生产制造，1965年友谊农场购进3台，到1990年全场保有量为30台。该机为2125型柴油发动机，功率28马力，主要用于田间运输作业。整机长3.55m、宽2.08m、高2.034m，额定牵引力$9.8×10^3$N，重量2340kg，工作年限8年。

3　T-150K轮式拖拉机。1991年友谊农场为扩大农业生产经营规模，提高农机装备水平和粮食产量及经济效益，全场组建了三个规模效益生产队，并于同年从苏联购进一批农业机械，全部装备到规模效益生产队，其中T-150K轮式拖拉机12台，用于田间耕地、整地作业。该机主要特点是四轮驱动，腰节转向，转弯半径小，装备СМД-62V型柴油发动机，功率150马力，整机长5.55m、宽2.43m、高3.19m，工作年限10年。

1	2
3	4

1. 长白山 -12型手扶拖拉机。该农机由吉林龙井手扶拖拉机制造厂生产,1977年友谊农场购进11台,到1996年全场各种型号手扶拖拉机保有量为441台,同年黑龙江垦区保有量13 200台。

2. CK（斯科)-3自走式联合收割机。该农机是苏联生产的CK系列自走式联合收割机,1959年友谊农场购进5台。该机长9.87m、宽4.8m、高3.8m,割幅4.1m,喂入量3kg/s,作业效率8~12亩/h,粮箱容积1.8m³,配套动力为65马力柴油机。主要用于收割麦类、豆类作物,工作年限20年。

3. CK（斯科)- 4 自走式联合收割机。该农机是苏联生产的CK系列自走式联合收割机。1963年友谊农场购进10台,到1988年全场保有量53台。该机长8.8m、宽4.8m、高3.9m,割幅4.1m,喂入量4kg/s,作业效率9~13亩/h,配套动力为65马力柴油机,工作年限15年。

4. 丰收 -4LJY-2B牵引式联合收割机。该农机于20世纪70年代初由黑龙江省佳木斯农机制造厂生产,1972年友谊农场购进1台。该机长7.4m、宽4.3m、高3m,割幅2.5m,喂入量为2kg/s,作业效率4~5亩/h,牵引机车为东方红-54/75履带式拖拉机,工作动力由牵引机车的动力输出轴传递,工作年限5年。

```
1 | 2
----
  3
```

1 E-512自走式联合收割机。该农机是德意志民主共和国国营前进农业机械厂生产的E系列自走式大型联合收割机。1974年友谊农场引进3台，到1990年全场保有量为88台。该机喂入量较大，脱谷、清粮效果较好，综合损失率较低，工作可靠性强，故障少、效率高，当时属先进的收割机。该机长8.6m、宽4.7m、高3.9m，重量6800kg，割幅4.3m，喂入量5kg/s，生产率每小时10t，作业效率15~20亩/h，粮箱容积2.3m³，配套动力为105马力柴油机，工作年限20年。

2 东风-3自走式联合收割机。该农机由我国吉林四平联合收割机厂仿苏联CK-3联合收割机生产制造。1962年友谊农场购进2台，到1988年全场保有量为97台。该机长9.87m、宽4.8m、高3.8m，割幅4.1m，喂入量3kg/s，作业效率8~12亩/h，粮箱容积1.8m³，配套动力为65马力柴油机。主要用于收割麦类、豆类作物，工作年限15年。

3 牵引式割晒机。1959年，友谊农场为将麦类作物收获期提前，并且提高粮食收获品质，加快收割进度，由当时任农场农机总工程师的马连相同志主抓，将C-6牵引式联合收割机的割台改为牵引式割晒机，对麦类作物先进行割晒作业，待作物水分降至或接安全水分时，再进行拾禾收获作业，人们将这种作业方式称为"分段收获"。由于实施分段收获作业取得了良好效果，这项改装技术在全场得到广泛应用，而后收割机厂家根据这一改装技术进行工厂化生产。1965年友谊农场购进30台，到1988年全场保有量为231台。机具长8.3m、宽6.45m、高2.35m，割幅3.5m，作业效率20~25亩/h。牵引机车为东方红-54/75履带式拖拉机，工作动力由牵引机车的动力输出轴传递，工作年限20年。

1
2
3
4

1 GT-4.9B牵引式联合收割机是20世纪60年代初我国开封联合收割机厂生产的，1965年友谊农场购进15台，当年垦区保有量800台。该机长10m、宽10.6m、高4.2m，重量6041kg，割幅4.9m，喂入量2.5kg/s，作业效率6~8亩/h，粮箱容积1.8m³，自身配套动力为45马力柴油机，牵引机车为东方红-54/75履带式拖拉机，工作年限15年。

2 E-514自走式联合收割机。该农机是我国引进德意志民主共和国农业机械技术，由四平联合收获机厂与德意志民主共和国国营前进农业机械厂联合生产的。1985年友谊农场购进2台，到1999年全场保有量为35台。

3 ＣＫ（斯科)-5自走式联合收割机。该农机是苏联生产的ＣＫ系列自走式联合收割机，1979年友谊农场购进8台。该机动力性能和技术指标均有很大改善，工作可靠，故障少。整机长8.5m、宽5.4m、高4m，重量7600kg，割幅4.1m，喂入量5kg/s，生产率每小时7.2t，作业效率15~20亩/h，粮箱容积3m³，配套动力为100马力柴油机，工作年限20年。

4 C12M自走式联合收割机。该农机产地为罗马尼亚，1985年友谊农场购进2台。整机长8.2m、宽4.65m、高3.35m，重量6770kg，割幅4.1m，喂入量4~5kg/s，生产率每小时10t，作业效率10~15亩/h，配套动力为107马力柴油机，工作年限10年。

```
      1
  ┌───┼───┐
  2   │   3
```

1 万国1460自走式联合收割机。该农机是黑龙江垦区建三江分局洪河农场于1980年从美国万国农业机械公司引进的大型自走式联合收割机，用于收获谷类作物，适应性强，使用可靠。2004年友谊农场从建三江分局洪河农场购进1台，该机长9.3m、宽6.1m、高3.7m，重量7997kg，割幅5.5m，喂入量6kg/s，作业效率20~25亩/h，粮箱容积6.3m³，配套动力为170马力柴油机，工作年限30年。

2 JDL-1055自走式联合收割机。该农机由黑龙江省佳木斯联合收割机厂生产，用于收获谷类作物，一机多用，适应性强，使用可靠。1983年友谊农场购进2台，到1988年全场保有量3台。该机为1987年进场，整机长8.5m、宽5.07m、高3.8m，重量7465kg，割幅4.25m，喂入量4kg/s，作业效率10~12亩/h，粮箱容积2.7m³，配套动力为106马力柴油机，工作年限10年。

3 E-516自走式联合收割机。该农机是德意志民主共和国国营前进农业机械厂生产的E系列自走式联合收割机，1981年友谊农场引进5台。该机长10.3m、宽7.25m、高3.9m，割幅6.65m，喂入量11kg/s，生产率每小时16t，作业效率30~35亩/h，配套动力为228马力柴油机，工作年限8年。

1	2
3	

1 JD-7700自走式联合收割机。1977年经国家计委、建委批准，黑龙江垦区决定从国外引进一批具有世界先进水平的农业机械，在友谊农场五分场二队进行现代化农业试点，并将其列入我国北方旱粮产区现代化农业综合科学实验基地项目。1978年3月共引进美国约翰迪尔公司先进农业机械设备62台（件），JD-7700自走式联合收割机是其中之一，共计3台，现仅存1台。其驾驶室封闭带空调，四轮液压驱动，机车操作灵活，喂入量大，脱谷、清粮效果好，损失率低，工作可靠性强，故障少，效率高。整机长8.3m、宽6.25m、高3.73m，重量8100kg，割幅6.1m，喂入量6~7kg/s，生产率每小时12t，作业效率20~25亩/h，粮箱容积4.54m³，配套动力为145马力柴油机，工作年限30年。

2 丰收3.0自走式联合收割机。该农机于20世纪70年代中期由佳木斯联合收割机厂生产，1976年友谊农场购进1台。该机长8.1m、宽4.25m、高3.45m，割幅3.9m，喂入量3kg/s，作业效率8~12亩/h，配套动力为65马力柴油机，工作年限10年。

3 JDL-1075自走式联合收割机。该农机是黑龙江省佳木斯联合收割机厂生产的1000系列自走式联合收割机。该机用于谷类作物收获，具有技术性能先进，动力储备充足，附件齐全，适用性强，可靠性高等优点。1984年友谊农场购进5台，到2010年全场保有量47台。该机长9.5m、宽5.9m、高3.8m，重量8200kg，割幅5.4m，喂入量6.5kg/s，作业效率25~30亩/h，粮箱容积4.8m³，配套动力为150马力柴油机，工作年限26年。

1	2
3	4

1 北大荒-6自走式联合收割机。该农机由黑龙江省依兰收割机厂生产，1982年友谊农场购进2台，现仅存1台。该机长9.5m、宽5.25m、高3.75m，割幅4.9m，喂入量为6kg/s，作业效率15～20亩/h，配套动力为113马力，工作年限10年。

2 迪尔2280型自走式牧草割晒机。该农机是内蒙古呼伦贝尔盟草原站1980年从美国约翰迪尔公司购进的牧草割晒机，2003年友谊农场从呼伦贝尔盟草原站购进1台，用于牧草割晒。该机长5.85m、宽4.6m、高3.1m，割幅4.2m，配套动力为80马力，作业速度为8～12公里/h，作业效率40～50亩/h，工作年限15年。

3 佳联-3自走式联合收割机。该农机由黑龙江省佳木斯佳联收获机械有限公司生产，2000年2月友谊农场购进1台。该机长7.8m、宽3.9m、高3.7m，重量5500kg，割幅3.4m，喂入量3kg/s，作业效率8～12亩/h，粮箱容积2.1m³，配套动力为100马力柴油机，工作年限10年。

4 前苏联生产的KCKY-6型玉米收割机。

1 | 2 / 3 / 4

1 4YW-2-F牵引式玉米收割机。该农机由黑龙江赵光机械厂生产，1996年友谊农场购进5台，到2004年全场保有量为18台。图示农机为1998年购进，整机长7.1m、宽2.6m、高3.3m，行距65～70cm，作业效率8～12亩/h。牵引机车为东方红-54/75履带式拖拉机，工作动力由牵引机车的动力输出轴传递，能一次完成玉米收获作业中摘穗、剥皮，工作年限8年。

2 小田鼠4L-0.8谷物联合收割机。该农机由黑龙江省萝北机械制造厂生产的悬挂式联合收割机，收割台和脱粒机都安装在拖拉机上，可以自行开道，机动性好。

3 KTP-3甜菜移栽机。该农机是韩国国际综合机械株式会社生产的手扶式甜菜移栽机，可一次完成开沟、栽植、覆土、镇压等作业。1990年友谊农场购进1台，发动机型号为E180BG-J4，功率3.5马力，该机具长2.35m、宽1.4m、高1.25m，工作年限10年。

4 E-281自走式青饲料收获机。该农机产于德国，1974年黑龙江垦区友谊农场引进3台，垦区保有量12台。

1	2
3	4
5	

1 MOCO（莫克）-725牵引式割草压扁机。该农机是黑龙江省约翰·迪尔（佳木斯）农业机械有限公司生产的侧牵引往复式割草压扁机，一次性完成切割、压扁、铺条工作。2002年友谊农场购进11台，主要用于牧草割晒作业。该机长4.55m、宽3.9m、高1.45m，割幅3m，作业速度12～13km/h，作业效率54～58亩/h。牵引机车为50马力轮式拖拉机，工作动力为牵引机车的动力输出轴传递，工作年限8年。

2 5XFZ-25E比重复式清粮机。该农机由黑龙江垦区白桦清选机械有限公司制造，主要用于粮食作物的清选。

3 外特兹-4.8M自走式采棉机。该农机由苏联1949年生产。

4 MF-DP5S 5铧犁。该农机是英国福格森制造公司生产的半悬挂可变幅5铧犁，1984年友谊农场购进14台。该犁特点是翻垡效果好，机具长6.84m、宽2.58m、高1.2m，工作幅宽1.75m，最大耕深27cm，作业效率10～12亩/h，牵引机车为JD-4450轮式拖拉机，工作年限20年。

5 垄作7铧犁。该农机由黑龙江省呼兰农机厂生产，1974年友谊农场购进15台。该机具可进行中耕、培土、起垄作业，有七个中耕单体，每个单体由中耕部件和一个仿形轮组成，并通过四杆仿形机构与机架连接，配备多种型号的锄齿及培土器。机具长1.76m、宽4.85m、高1.45m，工作幅宽4.2～5.1m，适应行距45～70cm，最大耕深22cm，作业效率30～37亩/h，牵引机车为东方红-54/75履带式拖拉机，工作年限8年。

```
      1  |
    -----+-----  2
      3  |
         |    4
```

1　液压3铧犁。液压3铧犁是20世纪70年代中期随着液压技术在东方红-54/75履带式拖拉机上的逐步应用而产生的。当时友谊农场农机工人根据液压技术应用原理和实际工作经验，开始对大犁的升降结构进行改装，安装液压油缸，将原先由人工操作大犁的升降改为由液压控制升降。其优点是操作简便、节省人力、减轻劳动强度，并且安全可靠。后由生产厂家将这一改装技术在大犁的工厂化生产中应用，到1990年全场保有量440台。机具长5.35m、宽2.55m、高1.28m，总耕幅为1.05m，单铧为0.35m，最大耕深0.27m，作业效率3.8~4.5亩/h。牵引机车为东方红-54/75履带式拖拉机，工作年限15年。

2　NARDI-鼠洞式深松犁。该农机产于意大利。

3　旋转锄。旋转锄是友谊农场农机修造厂1988年仿美国JD-430型旋转锄生产的，1990年全场推广应用134台。其结构简单，使用调整方便，作用是消灭田间杂草，疏松土壤。机具长0.5m、宽4.47m、高1.31m，共有锄齿盘48个，齿盘间距9cm，工作幅宽4.2m，重量700kg，由40~60马力轮式拖拉机牵引，作业速度15~18km/h，作业效率94~113亩/h，工作年限8年。

4　三段V型镇压器。1969年黑龙江垦区开始使用该机，到1979年全垦区保有量2000组。

1	2
3	

1 3-YH-6.0环型镇压器。该农机是黑龙江省佳木斯新生机械厂仿苏联ЗКК（兹科科)-6环型镇压器生产的，1963年友谊农场购进101台，到1999年全场保有量为918台。机具长3.416m、宽5.712m、高0.67m，重量1400kg，工作幅宽5.44m，单位压力215.75kPa，牵引机车为东方红-54/75履带式拖拉机，工作年限20年。

2 牵引式平地机。该农机是苏联政府在1955年赠送给友谊农场的农业机械设备，共计2台，现仅存1台，用于田间和道路的平整作业。该机为双轴式平地机，其机身较长，反仿形性好，受地形影响小，并配有专人操作，可随时根据地形调整，因而工作质量好。平地机工作部件的操纵方式为机械操纵，平地铲角度可随时调整。整机长8.15m、宽3.7m、高2.15m，铲刀宽3.7m、高0.45m、偏角±40°，两轴跨距5.2m，前轮轴距1.55m，后轮轴距2.45m，牵引机车为54马力履带式拖拉机，工作年限20年。

3 PY-3.4型41片圆盘耙。该农机是佳木斯新生机械厂仿苏联БД-3.4双列圆盘耙生产的，1959年友谊农场购进20台，到1988年全场保有量为914台。PY-3.4型41片圆盘耙是双列对置式，呈X形，由四组耙串组成，共有41个耙片，直径445mm，耙片间距169mm。耙片组与前进方向的偏角可调节，前列1°～17°，后列0°～20°。碎土性能良好，适用于耕后及播前耙地，也可用于浅耕灭茬。机具长3.23m、宽3.616m、高0.78m，重量850kg，工作幅宽3.4m，最大耙深10cm，作业效率30～40亩/h，作业时三台为一组，牵引机车为东方红-54/75履带式拖拉机，工作年限12年。

1	2
3	

1 L-5-35型重型牵引5铧犁。该农机由黑龙江农机制造厂仿苏联的 л-5-35M牵引5铧犁生产，1959年友谊农场购进51台，到1990年全场保有量为120台。机具长7m、宽2.43m、高1.5m，重量为1450kg，总耕幅为1.75m，单铧为0.35m，最大耕深27cm，作业效率7～9亩/h。在实际工作中由两台东方红-54/75履带式拖拉机牵引，工作年限15年。

2 БДТ（波德特）-2.2重耙。该农机是国家"一五"计划期间由苏联政府于1954年援助友谊农场的农业机械设备之一，共计61台，现仅存2台。此耙专为开荒耙碎坚硬的土垡而设计，在弧形圆盘耙片边沿设有缺口，以增强切削、碎土能力，作业角度、耙深可调，系当年开荒、种地的极好整地工具。机具长3.05m、宽2.2m、高1.1m，工作幅宽2.2m，耙深20cm，牵引机车为54马力履带式拖拉机，工作年限15年。

3 PY-3.4型41片圆盘耙。

1	2
3	4

1　КУ（科乌）-4.2万能中耕除草机。该农机是1955年苏联政府援助给友谊农场的农业机具，共计84台，现仅存2台。该机具配备多种型号的锄齿，如单翼、双翼不同宽度的鸭掌齿，杆齿和弹齿可按作物的行距调整锄齿位置，适宜各种条件的中耕和除草，故称"万能"中耕除草机。机具长4m、宽4.5m、高1.92m，重量900kg，工作幅宽4.2～4.5m，适应行距45～70cm，耕深6～16cm，作业效率30亩/h。作业时三台为一组，牵引机车为54马力履带式拖拉机，工作年限15年。

2　畜力耕耘机。畜力耕耘机也称苗间除草机，是20世纪50年代初生产的一种新式畜力耕地农具。主要用于作物行间中耕除草，长1.5m、宽0.3m、高0.75m。

3　新式步犁。新式步犁是一种新式畜力耕地农具，是20世纪50年代初期，由生产厂家综合我国旧式犁及国外畜力犁的特点自行设计制造的，与旧式木制犁相比，新式步犁耕得深、沟底平、翻土良好。该犁长1.56m、宽0.58m、高0.98m。

4　木犁。木犁又称犁杖，是旧式畜力耕地农具，其构造简单，是北方旱作地区的传统农业生产工具。该犁长2.53m、宽0.2m、高0.92m。

1	2
3	
	4

1 3-PZD-1.0钉齿耙。该农机由黑龙江省佳木斯新生机械厂生产，1962年友谊农场购进45组，现仅存5片。耙架为"之"字形，用于碎土、破土、耙小草，也可用于耙青苗。单片钉齿耙长1.4m、宽1m、高0.3m，工作幅宽1m，耙深5～7cm，牵引机车为东方红-54/75履带式拖拉机，工作年限15年。

2 JD-8350播种机。该农机由美国约翰迪尔公司生产，1984年友谊农场购进12台。该机具主要用于麦类播种作业，排种、排肥量准确，播量调整范围大，并且调整方便。开沟器为双圆盘式，数量21行，双圆盘安装倾角小，行距15cm，播种深度3～5cm，机具长2.9m、宽4m、高1.4m，工作幅宽3.15m，作业效率35～45亩/h，牵引机车为JD-4450轮式拖拉机，工作年限20年。

3 BG-24行播种机。该农机由哈尔滨农业机械厂仿苏联СД（斯德）-24行播种机生产的，1960年友谊农场购进33台，到BG1986年全场保有量210台。其设计结构、基本数据和工作性能与СД-24行播种机相同。机具长3.03m、宽4.18m、高1.315m，重量917kg，工作幅宽3.6m，开沟器为双圆盘式，数量24行，双圆盘安装倾角小，行距15cm，播种深度3～5cm，种箱容积325L，作业效率35～45亩/h，作业时三台为一组，牵引机车为东方红-54/75履带式拖拉机，工作年限15年。

4 СД（斯德）-24行播种机。该农机是苏联政府1955年赠送给友谊农场的农业机械设备，共计20台，主要适用谷类作物条播。机具长3.03m、宽4.18m、高1.315m，重量917kg，工作幅宽3.6m。开沟器为双圆盘式，数量24行，双圆盘安装倾角小，行距15cm，播种深度3～5cm，种箱容积325L，作业效率24～35亩/h，作业时三台为一组，牵引机车为54马力履带式拖拉机，工作年限10年。

第十四章

古代农器图谱汇集

14

古代农器浅论

　　这是一篇图文并茂地述说中华民族农耕历史的图鉴，也是农机文化的缩影。农耕史上的许多事项是不便用"图"来"说"的，所以文中以能够体现历史演替进程、有实物形态的传统农具作为叙述的主线。这些已经成为农业博物馆收藏品的传统农具，千百年来，勤勉地谱写了大地的乐章，忠实地记录了历史的轨迹。它们凝聚了先人的智慧，它们吟唱着悠远的歌。文中穿插了一些"农史小知识"，介绍那些不能用图来述说的农史、农器内容，以及农民日常种地的技巧等等。相信读者会有兴趣来阅读这些文字。

　　中国古代有着灿烂的农耕文明，那些世代传承的农业技术不仅长期领先于世界，而且作为先进农学文化广泛传播，深刻地影响了周边国家。简而言之，我们的祖先在多方面对农耕文明做出过巨大贡献。

　　农具，指农业生产使用的工具，多指非机械化的，也称农用工具、农业生产工具。农具是农民在从事农业生产过程中用来改变劳动对象的器具。中国地域广阔，民族众多，农业历史悠久，农具丰富多彩。就不同地域、环境、农业生产对象而言，农民使用的农具又有各自的适用范围与局限性。历朝历代农具都不断得到创新、改造，为人类文明进步做出了贡献。

　　农业是人们利用动植物体的生活机能，把自然界的物质和能量转化为人类需要的产品的生产活动。现阶段的农业分为植物栽培（耕作、种植）和动物饲养（养殖）两大类。

　　元王祯《农书》云："盖器非田不作，田非器不成"，耕田和农器不离不弃，缺一不可。传统农具是历史上发明创制、承袭沿用的农业生产工具的泛称。传统农具具有就地取材、轻巧灵便、一具多用、适用性广等特点。古代传说最先出现的农具是耒耜。有明确文献记载的播种用农具是西汉的耧犁，耧犁由牲畜牵引，后面有人扶着，可以同时完成开沟和下种两项工作。

　　农之为具不一；而负牛之具曰犁。犁，利也，利发土绝草根也。《山海经》曰："后稷之孙叔均，始教牛耕"。陆龟蒙《耒耜经》云："耒耜通谓之犁，即《易》所谓'斲木为耜，揉木为耒也'"。

　　中国传统农具常见的有七种类别。

1. 耕地整地工具

　　耕地整地工具用于耕翻土地、破碎土垡、平整田地等作业，经历了从耒耜到畜力犁的发展过程。汉代畜力犁成为最重要的耕作农具。魏晋时期北方已经使用犁、耙、耱进行旱地配套耕作；宋代南方形成犁、耙、耖的水田耕作体系。

水田耕整地工具主要有耕、耙、耖等，这套耕作体系在宋代已经形成。晋代发明了耙，用于耕后破碎土块。宋代出现了耖、砺礋等水田整地工具，用于打混泥浆。

2. 播种工具

耧车是我国最早使用的播种工具，发明于汉武帝时期，宋元时期在北方普遍使用。北魏时期出现了单行播种的手工下种工具瓠种器。水稻移栽工具——秧马，出现于北宋时期，它是拔稻秧时乘坐的专用工具，减轻了弯腰曲背的劳作强度。

3. 中耕除草工具

中耕工具用于除草、间苗、培土作业，分为旱地除草工具和水田除草工具两类。铁锄是最常用的旱地除草工具，春秋战国时期开始使用。耘耥是水田除草工具，宋元时期开始使用。

4. 灌溉工具

商代发明桔槔，周初使用辘轳，汉代创造并制作人力翻车，唐代出现筒车。筒车结构简单，以流水推动，至今我国南方部分水力丰富的地方还在使用。

5. 收获工具

收获工具包括收割、脱粒、清选用具。收割用具包括收割禾穗的掐刀、收割茎秆的镰刀、短镢等。脱粒工具南方以稻桶为主，北方以碌碡为主，春秋时出现的脱粒工具连枷在我国南北方通用。清选工具以簸箕、木扬锨、风扇车为主，风扇车的使用领先西方近千年。

6. 加工工具

加工工具包括粮食加工工具和棉花加工工具两大类。粮食加工工具从远古的杵臼、石磨盘发展而来，汉代出现了杵臼的变化形式——踏碓，石磨盘则改进为磨、砻。南北朝时期出现了碾。元代棉花成为我国重要纺织原料，劳动人民逐步发明了棉搅车、纺车、弹弓、棉织机等棉花加工工具。

7. 运输工具

担、筐、驮具、木舟、车是农村主要的运输工具。担、筐主要在山区或运输量较小时使用，木舟在江南水乡用途广，车主要用在平原、丘陵地区，其运载量较大。

《农器图谱》是王祯《农书》三部之一，书中将农器划分为二十门，这二十门大致又可以归纳为田制、食物生产和衣物生产三部分，其中食物生产部分占十四门，衣物生产五门，田制一门。《农器图谱》是一部介绍古代农器在农业生产的全程使用情况的图谱，传承了灿烂的农机文化，是如今我国探索现代农业生产全程机械化的文化渊源。

"田制"主要叙述了各种土地的利用形式。严格说来，田制并不属于农器的范畴，王祯

也意识到了这个问题，其曰："《农器图谱》首以'田制'命篇者，何也？盖器非田不作，田非器不成。《周礼·遂人》：凡治野'以土宜教氓稼穑'，而后'以时器劝氓'；命篇之义，遵所自也。""钁、畲"应属于整地农器，这种农器和"耒耜"相比，主要是采用人力操作来使用，取土方式也多为间隙式的。《农器图谱》中主要列举了钁、畲、锋、长镵、铁搭、杴、镢、铧、鐴（壁）、划、劐，还有一种乐器"梧桐角"。"杷朳"，指的是谷物收敛和翻晒农器，有齿曰杷，其中又根据形制、材料和功用分为大杷、小杷、谷杷、竹杷和耘杷。无齿曰朳。此外还有平板、田荡、辊轴、秧弹、权、筊、乔扦、禾钩、搭爪、禾担、连枷、刮板、击壤等。"朳杷门"的农器除了能收敛和翻晒以外，还有平整田泥和中耕除草的作用，如耘杷，就是一种稻田中耕农器；平板和田荡，则是两种平整田泥的农器，辊轴，则是一种通过碾压除草的农器。"舟车"，指的是各种农用运输工具，有农舟、划船、野航、下泽车、大车、拖车、田庐、守舍、牛室。"利用"，指的是水利之用，王祯认为，水利的作用非常广泛，除了"前篇已具"的"舟楫灌溉等事"之外，"或造谷食，代人畜之劳，或导沟渠，集云雨之效，或资汲引于庖湢，或供刻漏于田畴"都离不开水利之用。本篇中的"水利"多指水力，即以水为动力，来带动器械，进行粮食加工等工作。相关工具包括浚锸（一种开沟用的工具）、水排（水力鼓风机）、水磨（水力粮食磨粉机）、水砻（水力脱壳机）、水碾（水力碾米机）、水轮三事（集磨、砻、碾三位一体的粮食联合加工机）、水转连磨（以水为动力，通过机械传动，带动多个磨盘同时做功）、水击面罗（与水磨连用的一种水力筛面机）、机碓（水碓）、水转大纺车。

上面所说的农器是农家（特别是稻农）所通用的一些农器，除此之外，还有一些特殊的农器，收录于"牟麦门"。这一门中，王祯并没有全面地叙述与大麦、小麦生产有关的全部农器，因为农器大多都是通用的，而只是提到了与麦类收获有关的几种农具，如麦笼（收麦时系于腰间的盛麦笼）、麦钐（割麦用的镰刀）、麦绰（竹制抄麦器）、积苫、捃刀（拾麦刀）、拖杷（割麦时别于腰间拖动，以梳理散乱茎穗，便于收割）、抄竿（用于割麦时，扶起倒伏茎穗所用的一种竹竿）。

《农器谱》是北宋时《禾谱》作者曾安止的侄孙曾之谨所作的一部农书，据周必大为该书所作之"序"的介绍，书中记述了耒耜、耨镈、车戽、蓑笠、銍刈、筱箕、杵臼、斗斛、釜甑、仓庾等十项，还附有"杂记"，都是根据古代经传，又参合当时的形制，写得详细周到，受到了当时人的赞扬，陆游曾给该书题了诗。可惜这本书明代以后就失传了。

元代王祯《农书》中的《农器图谱》，就是从《农器谱》发展过来的，有些地方还沿用了曾氏的文字，如耰鼓，就取自曾氏"耰鼓序"。而《农器图谱》对于农器的分类和命名，则大多直接继承了曾氏的方法。因此，虽然曾氏《农器谱》已失传，但还是可以根据王祯《农器图谱》

的内容来考察曾氏《农器谱》的内容。

《农器图谱》和《农器谱》最大的区别在于蚕桑生产工具的加入。王祯认为，在《农器图谱》之中加入蚕桑方面的内容，主要是考虑到"农桑"为"衣食之本，不可偏废"，因此"特以蚕具继于农器之后，冀无缺失云。"从中可以看到当时的衣着原料生产工具也已趋于完备。

蚕桑生产工具内容的增加，丰富和修订了《农器谱》的内容，如《农器谱》中的"釜甑"改为《农器图谱》中的"鼎釜"，则可能是加入了缫丝工具"鼎"的缘故。

王祯主要是按照用途来进行农器分类的，同时也考虑到了农器的动力来源和作用对象。不仅如此，王祯还将籍田、太社、民社等加入到"田制"中来，"耒耜门"中的"牛"、"钁镈门"中的"梧桐角"、"钱镈门"中的"薅鼓"、"杷杁门"中的"击壤"、"蓑笠门"中的"牧笛"等，原本多为乐器，或一种娱乐活动项目，王祯都把它们当做一种农具文化来加以介绍。又如，《农器谱》原书中"灌溉门"介绍的主要是灌溉工具，发展成"灌溉门"以后，则不仅有灌溉工具，而且还加入了各种水利设施甚至水利工程，如水栅、水闸、陂塘、水塘、瓦窦、石龙、浚渠、阴沟、井、水筹等。

王祯对于农器的介绍非常注重每种农具的结构与功能，对于每个部件的形制、大小和尺寸都有详细的说明，而且都配以插图，其目的就在于便于仿制，以利推广。

王祯尽力搜寻每一种农器的出处，并对于南北同一种农器加以比较，说明其中的优劣，以便于改造、推广和使用。如碌碡，王祯提到"北方多以石，南方用木，盖水陆异用，亦各从其宜也。"又如耰锄，王祯提到"北方陆田，举皆用此，江淮间虽有陆田，习俗水种，殊不知菽、粟、黍、稷等稼，耰锄镞布之法，但用直项锄头，刃虽锄也，其用如斸，是名'钁锄'，故陆田多不丰收。今表此耰锄之效，并其制度，庶南北通用。"

《农器图谱》在写法上采用了先事后诗的方法，每一种农器都附有一首或若干首诗，以前这些诗作往往被当成王祯的创作，甚至有人认为王祯"诗学胜于农学"。

"灌溉门"中的水栅、水闸、陂塘、水塘，以及浚渠、阴沟等，可能是王祯《农器图谱》新增的内容。也许正是由于增加了这些内容，使王祯觉得以原有的"车戽"不足以概括全部的内容，因此，便改为"灌溉门"。有迹象表明，水转翻车、牛转翻车、水转高车等都是王祯新加内容。

中国古代非铁制农器

　　古代农具的材质在铁器发展以前多数是木制的，比如戽斗、木犁等，还有石制的，许多农器名称古怪难记。有的古代农器的身影在今天农业生产时还能看到。古农器名称如下：

　　耒耜，根据王祯《农书·农器图谱》的记载，主要包括整地和播种农器，有耒耜、犁、牛、方耙、人字耙、耖、劳、挞、耰、碌碡、礰礋、耧车、砘车、瓠种、耕盘、牛轭、秧马。

　　耨铸，在《农器图谱》中作"钱铸"，为中耕农具，主要有钱、铸、耨、耰锄、耧锄、镫锄、铲、耘荡、耘爪、薅马、薅鼓等。

　　车戽，则可能相当于《农器图谱》中的"舟车"和"灌溉"两门，指的是农业运输、农用建筑和农田灌溉工具，包括农舟、划船、野航（舴艋）、下泽车、大车、拖车、田庐、守舍、牛室、水栅、水闸、陂塘、翻车、筒车、水转翻车、牛转翻车、高转筒车、水转高车、连筒、架槽、戽斗、刮车、桔槔、辘轳、瓦窦、石笼、浚渠、阴沟、井、水筹等。

　　蓑笠，为遮雨和遮阳的农器，根据《农器图谱》的记载，这部分农器主要包括蓑、笠、扉（草鞋）、屦（麻鞋）、𡎺（一种适合在泥中行走的木鞋）、覆壳（一种背在后背的用以遮阳遮雨的农器）、通簪（一名气筒，插于束发中的通气筒）、臂篝（一种竹篾编制而成的袖套）、牧笛、葛灯笼。其中牧笛和葛灯笼可能是王祯新加入的。

　　铚刈，为收割农器，根据《农器图谱》的记载，这部分农器除铚、艾、镰、推镰、粟鉴、锲（弯刀）、铍等之外，还有斧、锯、铡、砺等农用工具。

　　筱蒉，为各种装粮食的工具，据《农器图谱》所载，包括筱（竹制品，主要用以装谷种）、蒉（草编制品）、筐、筥（圆形竹筐）、畚、囤、篅、谷匣（木制方形存粮器）、箩、儋、篮、箕、帚、筛、筲、筛谷筶、扬篮、种箪、晒盘、掼稻箪等。

　　杵臼，为脱壳和碾精农器。《农器图谱》记载的有杵臼、碓、堈碓、砻、碾、辊辗、扬扇、磨、连磨、油榨等。

　　斗斛，为衡器。《农器图谱》并无专门的一门，而合并在"仓廪门"中，有升、斗、概、斛等四种。

　　釜甑，为炊器。相当于《农器图谱》中的"鼎釜门"，包括鼎（作为农器时，主要用于缫丝）、釜、甑、甑箪、老瓦盆、匏樽、瓢杯、土鼓等。

　　仓廪，为贮藏粮食的建筑物。根据《农器图谱》的记载，主要有仓、廪、庾、囷、京、谷盅、窖、窦等。

古代耕地整地农器

耒耜

耒耜，象形字，为先秦时期汉族的主要农耕工具。形如木叉，上有曲柄，下面是犁头，用以松土，可看作犁的前身。"耒"是汉字部首之一，从字形看，与原始农具或耕作有关。耒耜的发明开创了华夏农耕文化。

牛耕砖画

古书把"耒耜"作为农具统称的代词，即泛指各种农具。耒是一根尖头木棍加上一段短横梁。使用时把尖头插入土壤，然后用脚踩横梁使木棍深入，然后翻出。改进的耒有两个尖头或有省力曲柄。

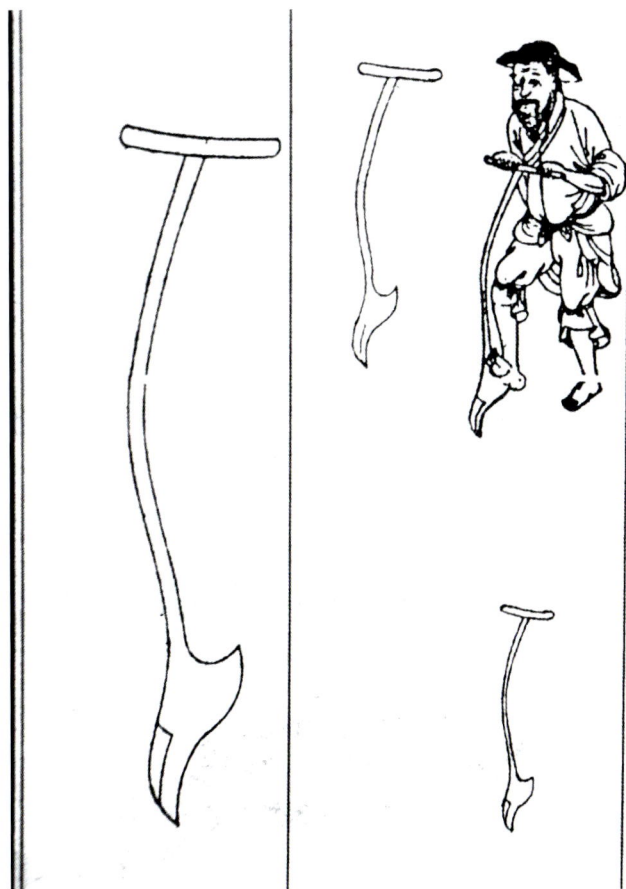

西安出土的骨耒耜

耒耜1

耒耜2

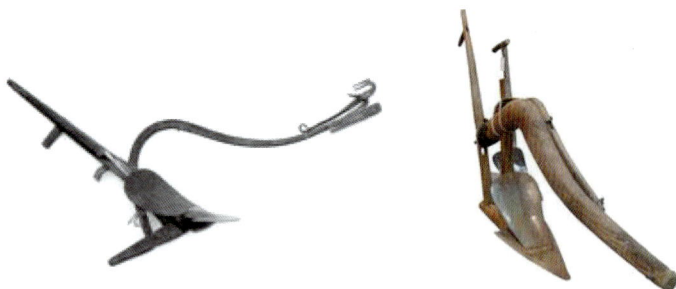

耒耜3

耜类似耒，但尖头成了扁头（耜冠），类似今天的锹、铲。其材料从早期的木质发展出石质、骨质或陶质。战国时耜也称为臿，在铁器出现之后，木耒、木耜也开始套上铁制的刃口。

耒耜的发明提高了耕作效率。耒耜也是后来犁的前身，所以有人仍称犁为耒或耒耜。

有了耒耜，才有了真正意义上的"耕"和耕播农业。传说中，炎帝部落开始大面积耕播粟谷，并将一些野生植物驯化为农作物，如稷、米（小麦）、牟（大麦）、稻、麻等。后人将这些作物统称为"五谷"或"百谷"，并留下许多"神农创五谷"的美好传说。其实，生产工具的发明和改进以及野生动植物的驯化是人类在长期的生产实践中逐渐实现的。后人把这些成果归于炎帝，表现了人们对他的尊崇和对先祖的怀念。

随着耕播农业的出现，原始的天文、历法、气象、水利、土壤、肥料、种子等知识和技术相应产生。《白虎通》载，神农"因天之时，分地之利"。《杨泉理论》说："神农始治农功，正气节，审寒温，以为早晚之期，故立历日"。在部落迁徙和拓展过程中，耕播工具和耕播技术很快传播到黄河和长江广大流域，并逐步形成北方以种植旱粮为主，南方以种植水稻为主的耕作习俗。就是这把拙朴的耒耜，在莽莽荒原上掘开了华夏农耕文化的汩汩的泉流。于是，炎帝部落成为炎帝时代先进生产力的代表；而"始作耒耜"的神农炎帝，则是开创华夏农耕文化的始祖。

神农炎帝雕像

神农

　　《耒耜经》是唐朝著名诗人陆龟蒙撰写的专门论述农具的古农书经典著作。《耒耜经》共记述农具四种，其中对被誉为我国犁耕史上里程碑的唐代曲辕犁记述得最准确、最详细，是研究古代耕犁最基本、最可靠的文献，历来受到国内外有关研究者的重视。

砺礋

　　砺礋为水田整地工具，用于打混泥浆。

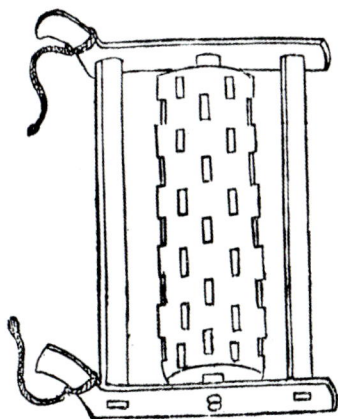

砺礋石

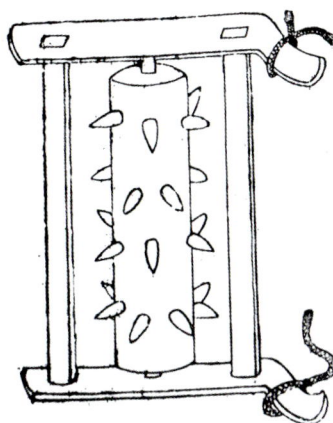

砺礋木

耖

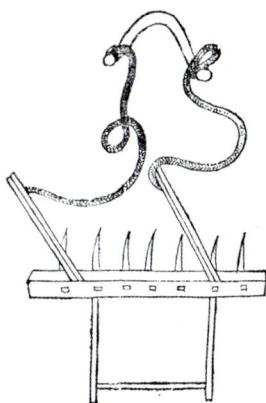

耖

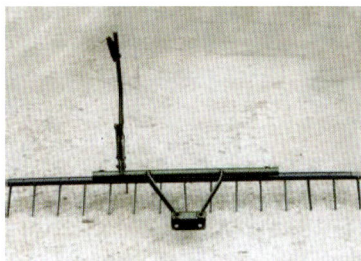

铁质的耖，现在俗称钉齿耙

耖的实物照片1

耖的实物照片2

耖的实物照片3

水田用耖

耙

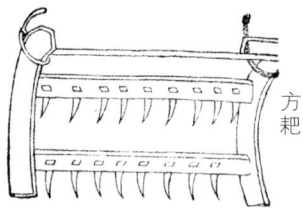

方耙

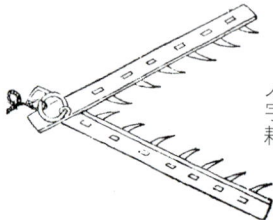

人字耙

耙为平整土地农器

耙

耙

旱田耙地照片

水田耙地照片

犁

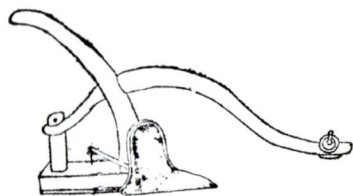
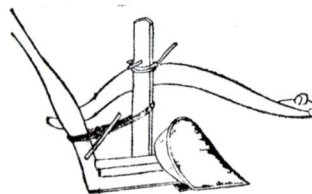

犁

犁照片

牛牵引农器，耕整田地

铁锄

耜耕

犁头

耨

　　耨为古代锄草的农具。形似"v"，两刃部有细锯齿，便于切割草的根茎。两翼满饰凹槽，有梯形穿孔用于固定，装柄后用于除草，便于植株间来回运动，不至于伤及农作物。

　　诸欲修水田者，皆以火耕水耨为便。——《晋书·食货志》

　　古代用耨除草，有深耕易耨之说，含义引申为"精耕细作、精心耕耘、精心甄选"等内涵。《荀子·儒效》："人积耨耕而为农夫。"

耨耕

V形头部

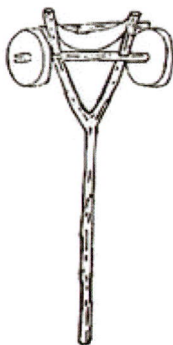

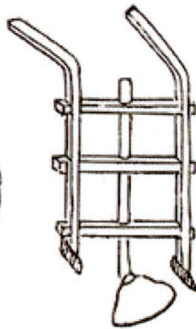

耨　　　　　推镰　　　　耘瓜　　　　耧锄

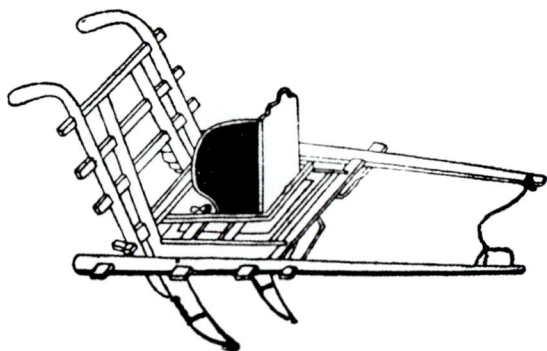

耧车

钹

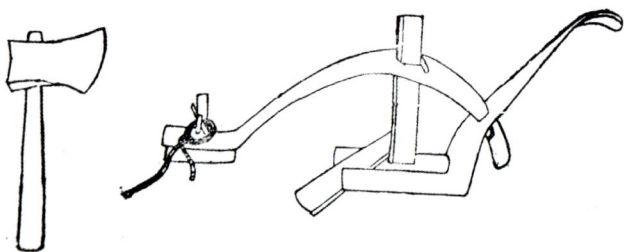

开荒伐荆农器

元王祯《农书》卷十三："曾氏《薅鼓序》云：'薅田指水稻除草有鼓作乐鼓劲。'"俗称鼓薅。

薅马是水田除草、耘禾时所乘的竹马。即薅草人腰腹绑缚网兜，脚踏竹板在稻田里滑动，不陷深泥而除草。"薅，耘去草也。"北魏贾思勰《齐民要术·水稻》："稻苗渐长，复须薅；拔草曰薅"。

耘盪

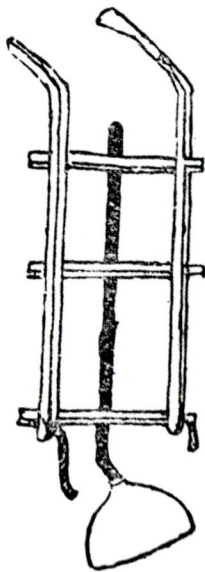

耧锄

耰钼

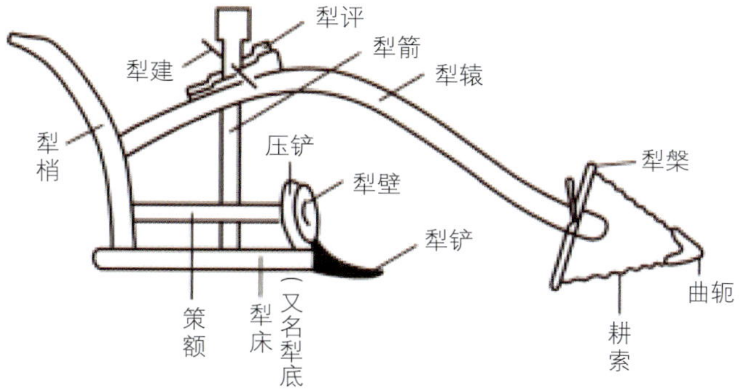

唐代曲辕犁构造图

复原的曲辕犁实物照片

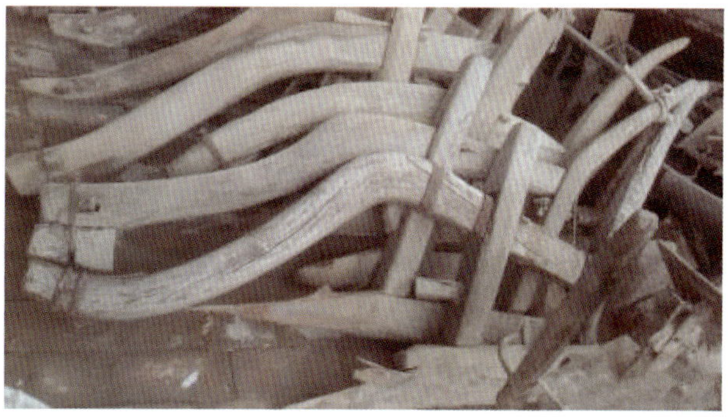

犁具老照片

昔日农村常用的农具

古代播种农器

楼车是我国最早使用的播种工具，发明于汉武帝时期，宋元时期北方普遍使用。北魏时期出现了单行播种的手工下种工具瓠种器。水稻移栽工具——秧马，出现于北宋时期，它是拔稻秧时乘坐的专用工具，减轻了弯腰曲背的劳作强度。

中国是世界上机械发展最早的国家之一。中国古代在机械方面有许多发明创造，在动力的利用和机械结构的设计上都有自己的特色。中国劳动人民很早以前已经懂得用牛、马来拉车了，到2500多年前，牲畜力已被利用到农业生产方面，当时人们除了利用牲畜驮拉运输外，还利用牲畜来帮助耕田和播种。

我国在战国时期就有了播种机械。我国古代的楼车，就是现代播种机的始祖，因播种幅宽不一，行数不同。汉武帝的时候，赵过在一脚楼和二脚楼的基础上，创造发明了能同时播种三行的三脚楼。一人在前面牵牛拉着楼车，一人在后面手扶楼车播种，一天就能播种一顷地，大大提高了播种效率。汉武帝曾经下令在全国推广这种先进的播种机。赵过还改进了其他耕耘工具，加以提倡代田法，对当时农业生产发展起了推动作用。

那些不了解西方农业史的人，在得知西方直到公元16世纪还没有条播机时，或许要大吃一惊。西方在使用条播机之前，种子是用手点播的。这是极大浪费，农民还常常要把当年收成的一半谷物留作翌年播种。而且还有个不能解决的问题：用于撒播的种子，发芽后长成植株时会聚集在一起，互相争夺水分、阳光和营养。

至公元16世纪前，我国播种系统在效率上至少是欧洲系统的10倍，而换算成收获量的话，则为欧洲的30倍。在这段时期，我国在农业生产效率方面比西方要先进如此之多，以致我国颇像今天所说的"发达国家"，而西方是"发展中国家"。

耧车

耧也叫"耧车"、"耧犁"、"耙耧"。西汉赵过作耧，已有两千多年历史。耧是一种畜力条播机，由耧架、耧斗、耧腿、耧铲等构成，有一脚耧至七脚耧多种，以两脚耧播种较均匀，可播大麦、小麦、大豆、高粱等。

耧车

耧车播种图

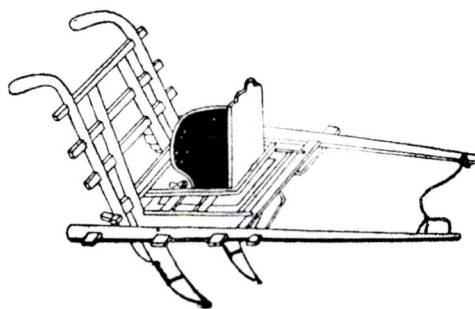

耧车

在我国南方旱地，耧车播种沿袭了几十年

汉代的三脚耧

耧车实物照片

元王祯《农书》秧马图

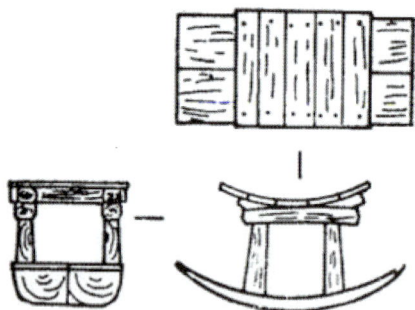

江苏丹徒县"秧船"

秧马

　　古代南方农村种植水稻时，用于插秧和拔秧的工具。何时发明，尚无定论。北宋开始大量使用。其外形似小船，头尾翘起，背面象瓦，供一人骑坐其腹以枣木或榆木制成，背部用楸木或桐木。操作者坐于船背。如插秧，则用右手将船头上放置的秧苗插入田中，然后以双脚使秧马向后逐渐挪动；如拔秧，则用双手将秧苗拔起，捆缚成匦，置于船后仓中，可提高功效及减轻劳动强度。宋代大诗人苏轼曾撰写诗文，热情为之宣传推广，并安排实物进行示范表演。当时，在湖北、江西、江苏、浙江、福建、广东等地，均有秧马使用。元代以后，继续不绝，各种式样的秧船，皆从秧马演化而来。

　　秧马的使用虽然日趋减少，但仍未绝迹，南京博物院提供了一个重要的物证，即江苏镇江市丹徒县境内的扬子江心高桥乡的柳洲村，至今家家都有拔秧用的"秧船"，当地亦有称"秧马"、"秧鞍"或"秧凳"的。

秧马实物照片

至今南方有些农村还在插秧时使用秧马

现代秧马舞蹈

南方某地的一组有关秧马和诗人苏轼的雕像

　　《秧马歌》是宋代著名诗人苏轼的作品。诗作形象真切地描绘了秧马这种古代农具，在农史上有重要的史料价值。诗文体现了诗人对农业生产的一贯关心。

瓠种

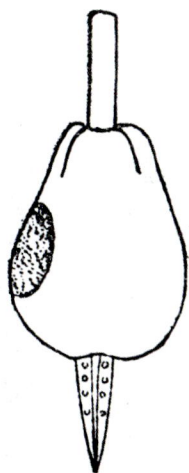

元王祯《农书》瓠种图

滦平县大屯乡岑沟出土的瓠种实物图片

元代王祯《农书》对瓠种做过较详细的记述，并绘有瓠种器图。其构造、形制与岑沟窖藏所出瓠种器基本相同。

播种时将种子灌入葫芦，操作者一手握瓠种器执柄，器身向下倾斜，一手执一木棍敲击引播槽前端，边敲边行进，种子便不断进入引播槽，并向下滑动，从排种口经葫芦稠均匀落地。瓠种器播种原理属于敲击振动排种。下种多少取决于敲击引播杆的频率和强度。敲击的频率和强度则视种植作物本身需要的播种量而定。同时，瓠种器借助于捆缚在排种口的葫芦稠达到加宽播幅和均匀撒种的作用。瓠种器主要用于谷类作物和豆类作物的点播。历史上"燕赵及辽以东多有之"。沿用时间极为长久。今山东、东北以及河北北部深山地区的一些农村仍然保留这种简便的播种方法。

碌碡

碌碡碾压保墒照片

砘车

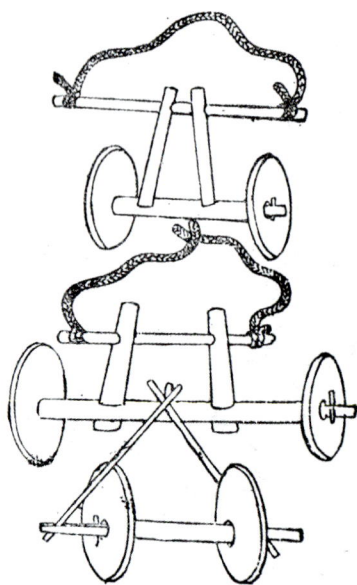

砘车　　　　　　　　　　　　砘车碾地图

砖车是以圆石为轮的碾地农具。元王祯《农书》卷十："砖车，石碡也，以木轴架碡为轮，故名砖车……凿石为圆，径可尺许，窍其中以受机栝，畜力挽之，随耧种所过沟垄碾之，使种土相著，易为生发"。

砖车实物照片

轮车

水稻播种轮车，播种精度高

覆土农器

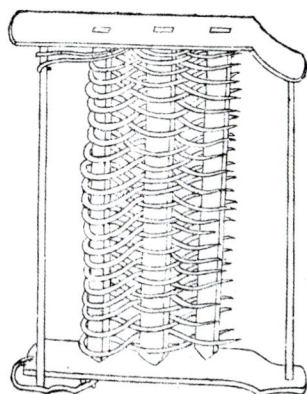

播种后覆土农器

古代灌溉农器与水力机械

中国古代灌溉农器

　　对农业生产来说，水的重要性不言而喻。在农业生产中，中国古人发明了桔槔、辘轳、翻车、筒车、戽斗、刮车等提水工具，以帮助农业灌溉，其中有些工具一些乡村至今仍然在使用。桔槔是利用杠杆原理的人力提水机械，横杆的一端系提水桶，用手操纵横杆另一端的升降以取水。辘轳是利用轮轴原理的起重机具，多用于汲取井水。翻车是用木板做成长槽，槽中放置数十块与木槽宽度相称的刮水板（或木斗），刮水板之间由铰关依次连接，首尾衔接成环状。木槽上下两端各有一带齿木轴。转动上轴，则带动刮水板循环运转，同时将板间的水体自下而上带出。戽斗是两边各系有两根绳的小桶，两人同时操作，可以提水至高处的田地。刮车则是一个转轮，轮直径约5尺，轮上幅条宽约6寸，用人力摇动转轮，将水刮上来。

桔槔

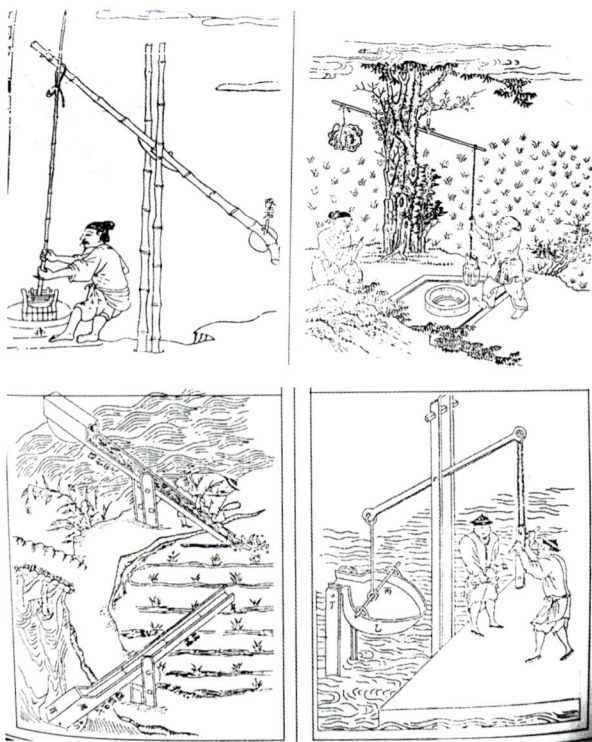

桔槔

刮车

桔槔提水

刮车

辘轳

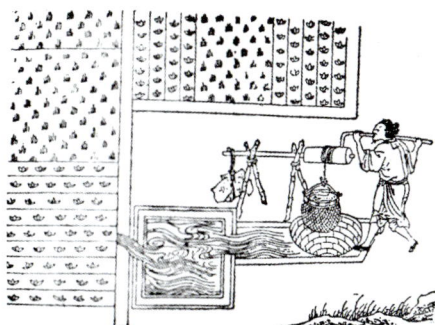

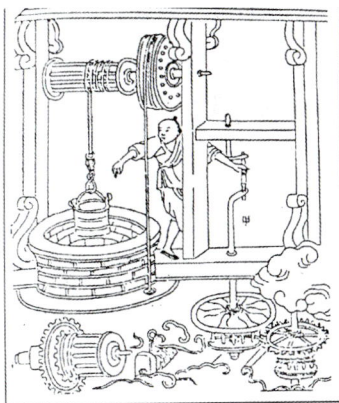

辘轳

辘轳实物照片

戽斗

戽斗

戽斗提水灌溉照片

戽斗是一种取水灌田用的旧式农具。用竹篾、藤条等编成。略似斗，两边有绳，使用时两人对站，拉绳汲水。亦有中间装把供一人使用的。

"戽斗，挹水器也……凡水岸稍下，不容置车，当旱之际，乃用戽斗。控以双绠，两人挈之，抒水上岸，以溉田稼。"——明徐光启《农政全书》卷十七。

筒车

筒车也称流水筒车、水转筒车或简称筒轮，是一种以水流作动力，取水灌田的工具。筒车是一种可以自行提水的灌溉机械，实现一个回转运动，转动不需要其他的动力，而且大立轮越大，所产生的驱动力矩也越大；大立轮重量越小，动力性能越好。

筒车约发明于隋唐，其时筒车的制作已有一定的规程。唐陈廷章《水轮赋》："水能利物，轮乃曲成"。唐诗人刘禹锡有《机汲记》加以描述，诗圣杜甫也有"连筒灌小园"的诗句。据《太平广记》记载，唐朝初年，寺庙僧人浇园时，"以木桶相连，汲于井中。"因为结构简单、造价低廉且维修方便，其在宋代已广泛流行于民间，元代王祯《农书》对筒车有很详细的介绍，且配有图谱。直至今日，云、桂、川、甘、陕、粤等地仍使用之。

筒车结构是：以木或竹制成大型立轮，用横轴架起，轮周斜装若干小木筒或竹筒，轮的下部浸入水中；水激轮转，浸入水中的小筒被水灌满，当水轮转到上部时，小筒自动将水倾泻入木槽中。

明徐光启《农政全书》中的筒车图

高转筒车

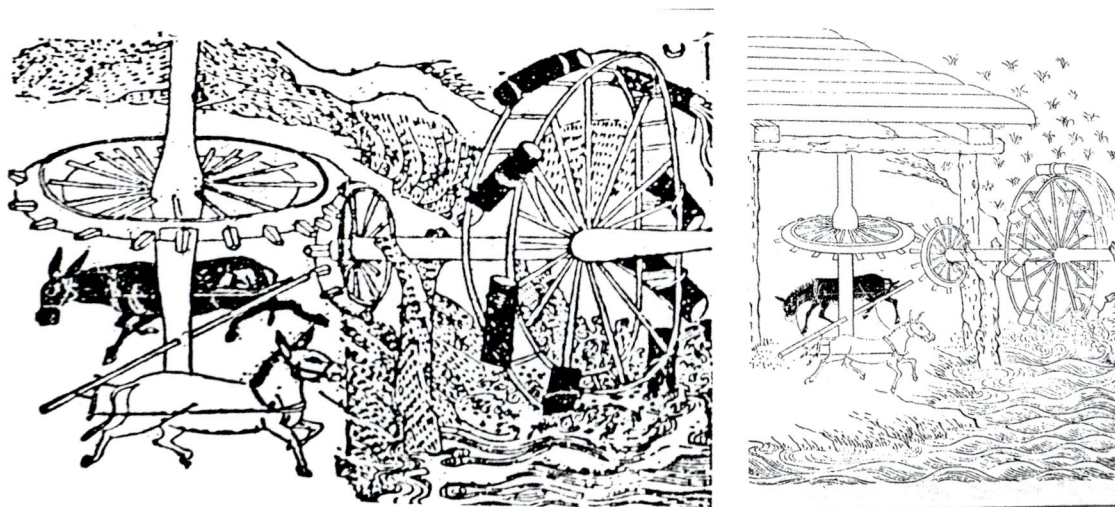

王祯《农书》所绘畜力牵动的筒车

南方现在使用的筒车照片

现存筒车

高转筒车是筒车的一种。所谓高转筒车是指其提水高度较一般筒车加大，必须借助湍急的河水推动。这种筒车的适用于水很低而岸很高的河段，应用其他筒车不可能将水提升到这么高，而应用高转筒车时，水的提升高度可以很高。

高转筒车以人力或畜力为动力。高转筒车由上轮、下轮、筒索、支架等部件组成。下轮有一半埋于水中，汲水高可达十丈，如两架筒车配合则可达二十丈。汲水筒长约一尺，以索相连成链环状，筒的间距为五寸，索链用竹制成。从传动方式看，高转筒车也是链传动的实例。高转筒车以上轮为主动轮，由于动力不同，轮轴部件构成有所变化。"所转上轮，形如框制，易缴筒索。用人则于轮轴一端作棹枝，用牛则制作竖轮，如牛转翻车之法，或于轴两端造作拐木，如人踏翻车之制"。高转筒车是一种具有搬运链性质的机械，是现代斗式提升机和刮板输送机的雏形。

王帧《农书》记载："高转筒车，其高以十丈为准，上下架木，各竖一轮，下轮半在水内，各轮径可四尺。轮之一周，两旁高起，其中若槽，以受筒索。其索用竹，均排三股，通穿为一。随车长短，如环无端。索上相离五寸，俱置竹筒。筒长一尺，筒索之底，托以木牌，长亦如之。通用铁线缚定，随索列次，络于上下二轮。复于二轮筒索之间，架刳木平底行槽一连，上与二轮相平，以承筒索之重。或人踏，或牛拽转上轮，则筒索自下兜水循槽至上轮，轮首覆水，空筒复下。如此循环不已，日所得水，不减平地车戽。若积为池沼，再起一车，计及二百余尺"。

元王祯《农书》所绘的高转筒车

古代高转筒车的殿堂

高转筒车的实物照片

高转筒车架槽

高转筒车连筒

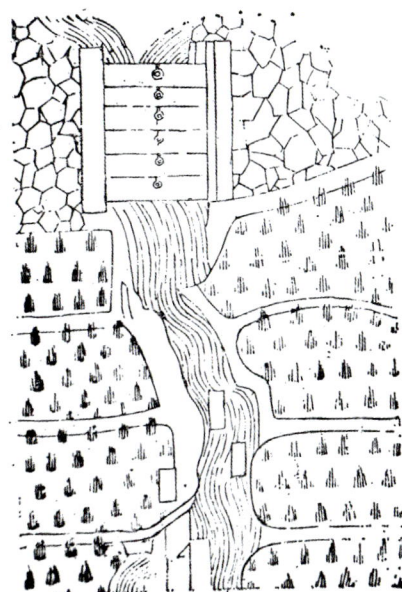

高转筒车水闸

龙骨水车（翻车）

龙骨水车的称呼来自民间，南宋陆游《春晚即景》："龙骨车鸣水入塘，雨来犹可望丰穰。"目前见到的史料中，这是最早的出处。这种水车主要由木链、水槽、刮板等组成，节节木链似根根龙骨，因此得名龙骨水车。龙骨水车适合近距离，提水高度在1~2米，比较适合平原地区使用，或者作为灌溉工程的辅助设施，从输水渠上直接向农田提水。用于井中取水的龙骨水车是立式的，水车的传动装置有平轮和立轮两种以转换动力方向。它提水时，一般安放在河边，下端水槽和刮板直伸水下，利用链轮传动原理，以人力（或畜力）为动力，带动木链周而复始地翻转，装在木链上的刮板就能顺着水槽把河水提升到岸上，进行农用灌溉。这种水车的出现，对解决排灌问题起了极其重要的作用。最初的龙骨水车是用人力转动的，后来我国人民又创制了利用畜力、风力、水力等转动的多种水车。

唐宋以来农田灌溉、排水及运河供水中，龙骨水车是使用最普遍的提水机械，特别是南方大兴围田之后，对低水头提水机械的需求更加普遍。元代王祯《农书》绘制了不同动力的龙骨水车的图谱，其中人力水车有脚踏、手摇等，畜力水车有牛车、驴车等。

龙骨水车结构合理，可靠实用，因此能一代代流传下来。直到近代，随着农用水泵的普遍使用，它才完成了历史使命，悄悄地退出历史舞台。龙骨水车作为灌溉机具现在已被电动水泵取代，然而这种水车链轮传动、翻板提升的工作原理，却有着不朽的生命力。就拿海岸、港口常见的疏浚河道的斗式挖泥机来说，那一只只回转挖泥的泥斗，就是从水车的提水翻板脱胎而来的。因此一看到挖泥机，人们就仿佛见到了古老的龙骨水车。

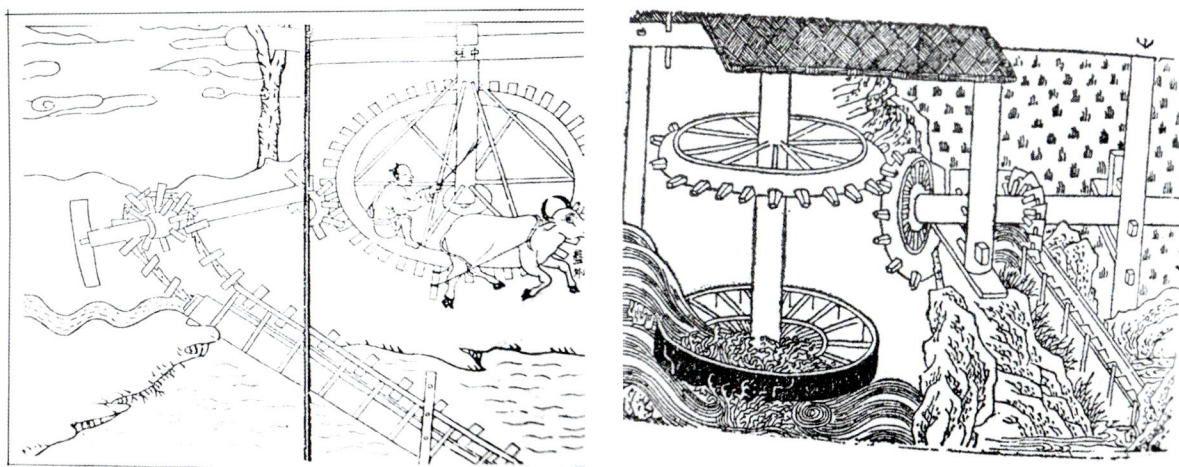

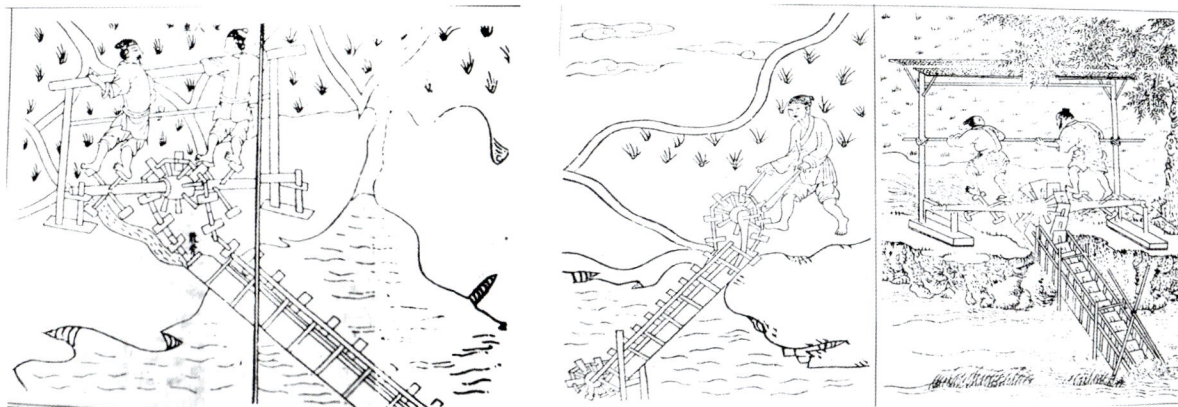

龙骨水车复原模型

泉州海上交通民俗文化陈列馆内的龙骨水车

龙骨水车提水老照片

龙骨水车提水灌溉老照片

中国古代水力机械

在利用人力获取水的同时，我国劳动人民也注意到了水中所蕴含的能量，并因此创造出水碓、水排和水磨等机械工具，将水能转化为机械能，用于农业和手工业生产。

我国西汉时期就已出现水碓，它除加工粮食外，还有捶纸浆、碎矿石等多种用途。水碓的传动方式是由水流冲击立式水轮，轮轴上的短横木拨动碓梢，促使碓头一起一落进行舂捣。水排是一种水力驱动的冶炼鼓风机，它由水轮带动连杆以推动鼓风。水排在东汉初年即已成形，比欧洲类似机械的出现要早1000多年。水磨在魏晋南北朝时期已见记载。水磨的水力传动部分有卧轮式和立轮式两种，通常由一只立轮或一只卧轮与若干齿轮相接，每只齿轮则对应一只石磨。流水推动立轮或卧轮转动，轮盘再将能量传递至齿轮，从而带动石磨转动。

水碓

水碓，又称机碓、水捣器、翻车碓、斗碓或鼓碓水碓，是脚踏碓机械化的结果。西汉末年出现的水碓，是利用水力舂米的机械。水碓的动力机械是一个大的立式水轮，轮上装有若干板叶，转轴上装有一些彼此错开的拨板，拨板是用来拨动碓杆的。每个碓用柱子架起一根木杆，杆的一端装一块圆锥形石头。下面的石臼里放上准备加工的稻谷。流水冲击水轮使它转动，轴上的拨板拨动碓杆的梢，使碓头一起一落地进行舂米。值得注意的是，立式水轮在这里得到最恰当最经济的应用，正如在水磨中常常应用卧式水轮一样。利用水碓，可以日夜加工粮食。凡在溪流江河的岸边都可以设置水碓，还可根据水势大小设置多个水碓，设置两个以上的叫做连机碓，常见的是设置四个碓，《天工开物》绘有一个水轮带动四个碓的画面。

最早提到水碓的是西汉桓谭的著作。《太平御览》引桓谭《新论·离车第十一》说："伏义之制杵臼之利，万民以济。及后世加巧，延力借身重以践碓，而利十倍；又复设机用驴骡、牛马及投水而舂，其利百倍。"这里讲的"投水而舂"，就是水碓。

应当特别指出，晋代杜预造连机碓，可能是一个大水轮驱动数个水碓。入唐以后，水碓记载更多，其用途也逐渐推广。大凡需要捣碎之物，如药物、香料乃至矿石、竹篾纸浆等等，皆可用省力功大的水碓。

继后不久，水磨又根据此原理被发明了。刘宋时代祖冲之造水碓磨，可能是一个大水轮同时驱动水碓与水磨的机械。这些成就表明古代水碓技术的大发展。至少可以说，杜预发明的连碓，是蒸汽锤出现之前所有重型机械锤的直系祖先。18世纪西方的锻锤，其实只是水碓的复制品而已。

水碓老照片

在南方的乡村里至今还在沿用水碓

历史久远的水碓联机照片

连机碓

连机碓是谁发明的？明徐光启《农政全书·水利》说："杜预作连机碓。"杜预（222～284年）是西晋将领，又是学者，初为河南尹，继督荆州，拜镇南大将军，封当阳县侯，博学多通。所谓的连机碓，可能就是以水为动力的一种谷物加工工具。《晋书》记载，"今人造作水轮，轮轴长可数尺，列贯横木，相交如枪之制。水激轮转，则轴间横木，间打所排碓梢，一起一落舂之，即连机碓也。"即其工作时，以一个大型卧式水轮带动装在轮轴上的一排互相错开的拨板，拨板拨动碓杆，使几个碓头间断地相继舂米。

洛阳一带由于使用了连机碓来加工谷物，生产效率大大提高，这一地区的米价得以下跌。到东晋时，连机水碓已经广为应用，一直到清末民初年，历久不废，直至20世纪20年代以来才逐渐为柴油碾米机所替代。显然，杜预发明连机碓对我国古代乃至近代的谷物加工做出了重要贡献。连机碓不仅用于粮食加工，还可用于舂碎陶土、香料等，至今有的地方仍在使用。

以水流动能转化为机械能的连机碓

水排

水排是我国古代一种冶铁用的水力鼓风装置，在公元31年由杜诗创制，其原动力为水力，通过曲柄连杆机构将回转运动转变为连杆的往复运动。人类早期的鼓风器大都是皮囊，我国古代又叫"橐"。一座炉子用好几个橐，放在一起，排成一排，就叫"排囊"或"排橐"。用水力推动这种排橐，就叫"水排"。

根据王祯的介绍，水排的结构是：选择湍急的河流的岸边，架起木架，在木架上直立一个转轴，上下两端各安装一个大型卧轮，在下卧轮（水轮）的轮轴四周装有叶板，承受水流，把水力转变为动力，联动皮囊鼓风吹炼铁炉。

现传本王祯《农书》所绘原图有误，刘仙洲先生参考文字叙述绘出了稍加修正的水排图。

复原的水排实物模型

元王帧《农书》水排图

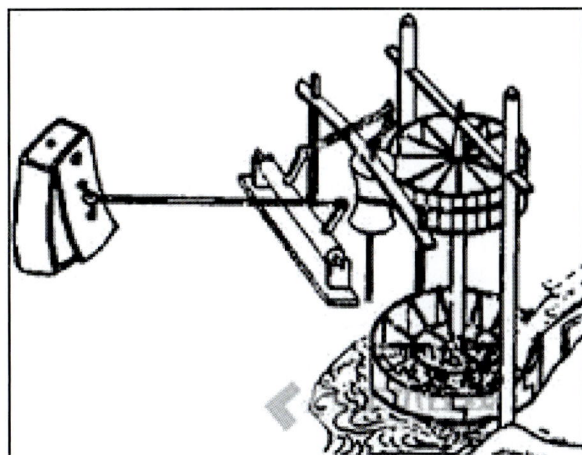

刘仙洲修正图

杜诗创制的水排，不仅运用了主动轮、从动轮、曲柄、连杆等机构把圆周运动变为拉杆的直线往复运动；还运用了皮带传动，使直径比从动轮小的旋鼓快速旋转。它在结构上已具有了动力机构、传动机构和工作机构三个主要部分，因此实际上可以视为现代水轮机的前身，水排的出现标志着中国复杂机器的诞生。

杜诗在一千四百多年以前就能创制出这样完整的水力机械，确实显示了他的高度智慧和创造才能，在世界科技史上占有重要的地位。在欧洲，使用水力鼓风设备的鼓风炉到公元十一世纪才出现，而普遍使用却是十四世纪的事了。

水磨

水磨是用水力作为动力的磨，大约在晋代就发明了。水磨的发展与杜诗发明水排有关。马钧大约在公元227至239年间创造一个由水轮转动的大型歌舞木偶机械，包括以此水轮带动舂、磨。可见水磨自汉代以来，发展蓬勃，而到三国时代，多功能水磨机械已经诞生成型。

水磨的动力部分是一个卧式水轮，在轮的立轴上安装磨的上扇，流水冲击水轮带动磨转动，这种磨适合于安装在水的冲击力比较大的地方。假如水的冲击力比较小，但是水量比较大，可以安装另外一种形式的水磨：动力机械是一个立轮，在轮轴上安装一个齿轮，与磨轴下部平装的一个齿轮相衔接。水轮的转动是通过齿轮使磨转动的。这两种形式的水磨，构造比较简单，应用很广。

从机械角度来看，水磨是由水轮、轴和齿轮联合传动的机械。仅从水碓、水磨的发展可见古代中国人在这方面取得的成就。从古代绘画中的卧轮水磨、立轮水磨和立轮式水转大纺车，可见在中国古代，安装卧轮还是立轮的决定，已经是根据当地水利资源、水势高低、齿轮与轮轴的匹配原则，从经济、便利等角度予以研究，并具体解决的。

元代王祯在其《农书》中所提及的水转纺车，其原理与水转碾磨相同：水轮轴带动纺车大轮，通过绳带传送，纺车大轮将运动传递到纺车各机件，这样，便可使整个机器转动起来。

《钦定授时通考》中的水转连磨图

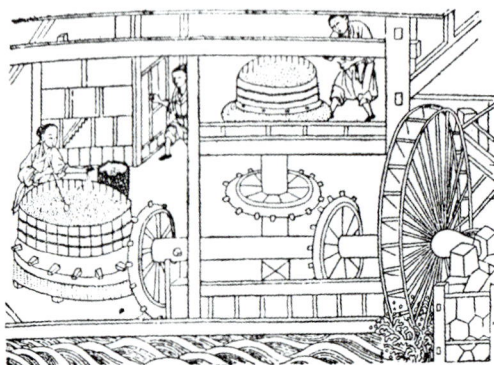

连二水磨

水打箩用来筛选谷物

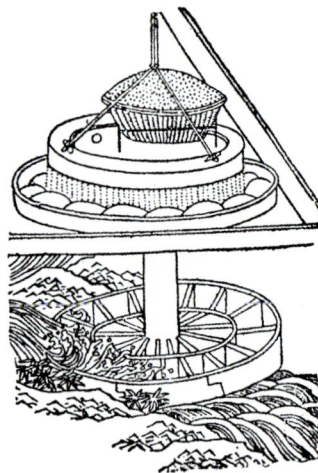

《农书》中的卧轮水磨图

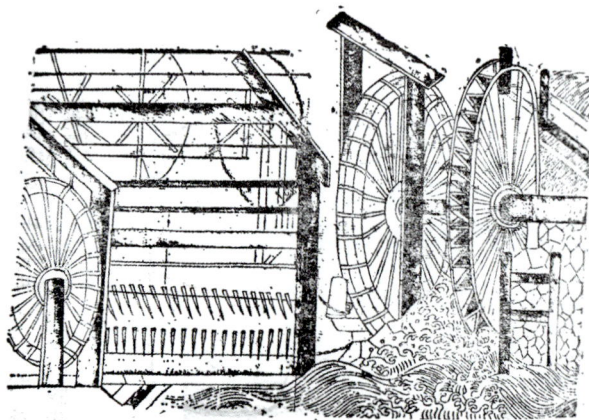

《农书》中的水转大纺车图

槽碓

　　槽碓是东汉时发明的粮食加工机械，用于谷物脱壳或粉碎。槽碓直接靠水的自重，通过杠杆原理上下运动而工作，多引山溪或泉水。

　　槽碓已开始利用水力，但非以水运转轮轴，而是以水槽取代踏碓人位置，槽容积约一斗多的水，一般设在泉流较低处，用笕（竹管）引水注入槽中，槽注满水因重而下垂，而前稍翘起，槽水则泻下，则又后稍较轻，而前稍落下，如此即完成一春。使用槽碓，没有时间限制，日夜不停运作，可得谷米两斛，至少可省两个人工。《农书》做了详细描述："凡所居之地，间有泉流梢细，可选低处置碓一区，一如常之制，但前头减细，后梢深阔为槽，可贮水斗余，上芘以厦，槽在厦外，乃自上流用笕引水下注于槽，水满则后重而前起，水泻则后轻而前落，即为一春，如此昼夜不止。"

现在的槽碓照片

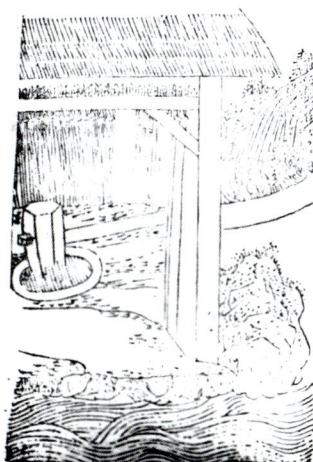

以水流的势能做功的槽碓

水碾

　　水碾是魏晋南北朝时发明的谷物加工机械，用于谷物脱壳或去麸。水碾是中古时期较为先进的生产加工工具，特点主要是充分利用水资源，借助水力带动碾砣进行加工生产。碾与磨比较，磨有上、下两扇磨盘，中轴直穿，下层固定，上层旋转，做滑动摩擦；而碾只有一扇磨盘，中轴固定，上安横轴，横轴一端装一个滚轮，利用水轮带动轴转，使滚轮滚动摩擦，将谷物脱壳或去麸，工效高于畜力碾。

　　水碾是石碾里面的一种。石碾最早见于东汉文献记载，可用人力、畜力或水力驱动。王祯《农书》记载："下作卧轮或立轮，如水磨之法，轮轴上端穿其碾辖，水激则辗随轮转，循槽轧谷，疾若风雨，日所毂米，比于陆辗，功利过倍。"

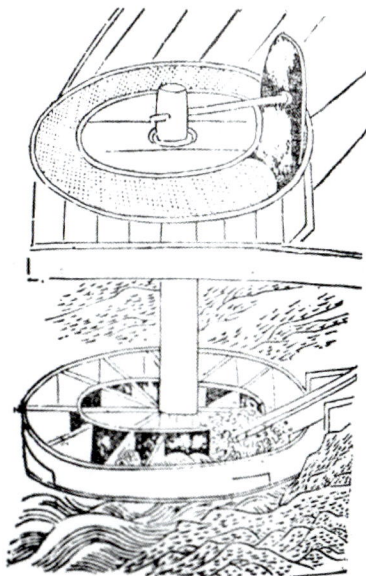

元王祯《农书》中描绘的水碾

元王祯《农书》中的石碾

现在还使用的石碾加工谷物照片

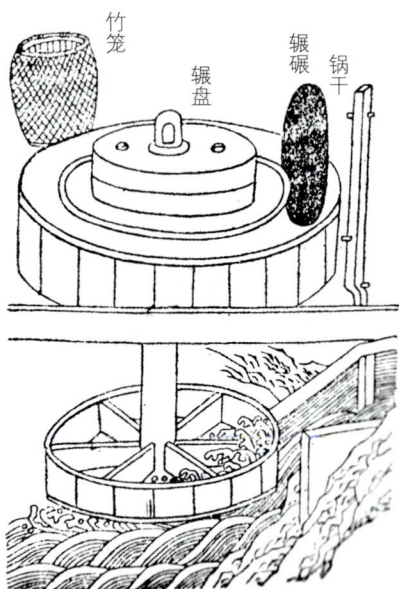

元代王祯《农书》水轮三事

水轮三事

元代王祯在《农书》中记载"水轮三事，谓水转轮轴，可兼三事，磨、砻、碾也。初则置立水磨，变麦作面，一如常法，复于磨之外周造碾圆槽，如欲毁米，惟就水轮轴首易磨置砻，既得粝米，则去砻置碾、碢干循槽碾之，乃成熟米。夫一机三事，始终俱备，变而能通，兼而不乏，省而有要，诚便民之活法，造物之潜机。"

水轮三事兼有磨面、砻稻、碾米三种功用，结构复杂，是古代农业机械的最高成就。数百年来，这项发明使人们从繁重的体力劳动里解放出来，大幅度地减轻了农民的工作量。

水砻

水砻主要用以水稻脱壳。水砻的下圈中间有一个与水轮相连接的轴，下圈随水轮转动。上圈用绳索吊在木梁上。在太原晋祠镇发现的古砻上圈直径80厘米，高70厘米，下圈高38厘米，一日能脱谷3000斤。水砻通常用柳条或竹条编成底圈，中间用黏土充填，并打入硬木齿，上下两圈相叠。

水运仪象台

宋元佑三年（公元1088年），在著名科学家苏颂的倡议和领导下，一座杰出的天文计时仪器——水运仪象台，在当时的京城开封制成。水运仪象台的构思广泛吸收了以前各家仪器的优点，尤其是吸取了北宋初年天文学家张思训所改进的自动报时装置的长处；在机械结构方面，采用了民间使用的水车、筒车、桔槔、凸轮和天平秤杆等机械原理，把观测、演示和报时设备集中起来，组成了一个整体，成为一部自动化的天文台。

苏颂主持创制的水运仪象台是十一世纪末我国杰出的天文仪器，也是世界上最古老的天文钟。国际上对水运仪象台的设计给予了高度的评价，认为水运仪象台为了观测上的方便，设计了活动的屋顶，这是今天天文台活动圆顶的祖先；浑象一昼夜自转一圈，不仅形象地演示了天象的变化，也是现代天文台的跟踪器械——转仪钟的祖先；水运仪象台中首创的擒纵器机构是后世钟表的关键部件，因此它又是钟表的祖先。水运仪象台反映出中国古代力学知识的应用已经达到了相当高的水平。

水运仪象台复原模型　　水运仪象台结构示意图　　苏颂《新仪象法要》中的天衡图

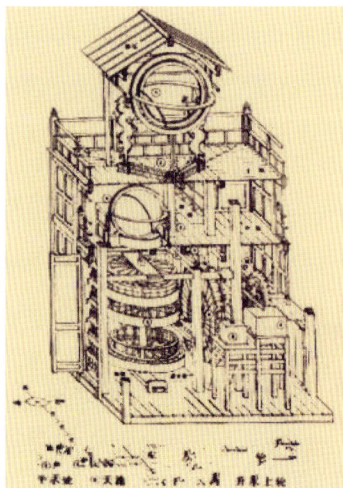

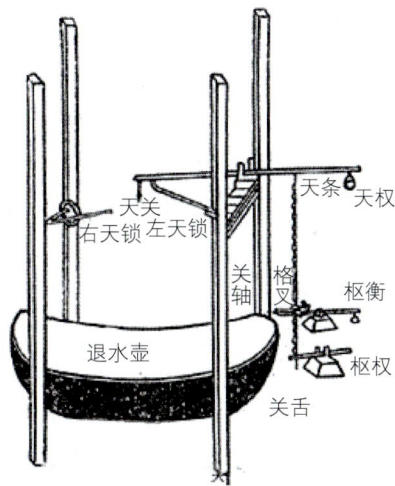

欧洲古代、近代水力机械

对于欧洲文明来说，在相当长的一段时间里，水力机械作为一种最主要的动力机械系统，被广泛应用在农业经济为特征的欧洲土地上，成为当时主要的粮食加工机械。人们在河流旁边设置水轮，建立磨坊，进行粮食加工，逐渐将其发展为一个十分重要的行业。在法国南部的阿尔勒，有公元四世纪罗马人修建的大型水磨坊，整套装置的粮食加工能力每天可达28吨，足够供应居住在阿尔勒地区的1万多居民。到十世纪之后，水力机械在欧洲取得了较大发展，水磨坊的数量稳步增长。公元1086年，威廉一世时期编写的《舆地志》列出当时的英国有5000座水磨坊，整个英国人口中，平均约400人就有一座这样的水磨坊。在法国奥布，11世纪时有14座磨坊，到12世纪发展到60座，而到13世纪早期接近200座。在中世纪的欧洲，这样的粮食加工业对于当地经济发展具有重要作用，在一些地方甚至属于支柱产业。这一时期，水力机械也在漂染布料、冶炼鼓风和锯木等方面得到应用。

古典文化时期（公元前600～公元400年）

在史前时期，水钟、虹吸管、鼓风箱和活塞式唧筒等流体机械已经得到初步的发展和应用。

到了古典文化时期，古希腊诞生了一些著名的哲学家和科学家。他们对古代流体机械的发展做出了杰出的贡献。

在原动流体机械方面，首先是扩大了桔槔式提水工具和吊桶式水车的使用范围；新创造的流体机械有涡形轮和诺斯水磨。前者靠转动螺纹形杆，将水由低处提到高处，主要用于罗马城市的供水。后者用来磨谷物，靠水流推动方叶轮而转动，其功率不到半马力。功率较大的有维特鲁维亚水磨。水轮靠下冲的水流推动，通过适当选择大小齿轮的齿数就可调整水磨的转速，其功率约3马力，后来提高到50马力，成为当时功率最大的原动机。希罗的汽转球（又叫风神轮）则是最早应用喷气反作用原理的装置。汽转球下部的蒸锅盛水，其上用支管连接着一只空心球。球上有两支方向相反的切向喷口。当锅下烧火、球内的水沸腾变成蒸汽喷出时，如产生的喷气反作用推力足够大，便会推动球体不断转动。汽转球作为第一个把蒸汽压力转化为机械动力的装置而闻名于世。

在从动流体机械方面，利用活塞和气缸制成的压力泵和吸水泵，在此时期也有发展。最早出现的是用来灭火的菲罗压力泵。后来又有了从井中提水的吸水泵和压力泵，以及罗马人用于灭火的双筒柱塞泵。

古罗马水钟

中世纪时期（1400～1500年）

中世纪前期延续约600年，流体机械的发展因古希腊和罗马的文化处于低迷期而停止发展。后期，随着农业和手工业的发展，各国纷纷兴办大学、培养人才，发展自然科学和人文科学，同时又吸取了当时东方国家的先进科学技术，流体机械技术开始恢复和发展。随着流体机械技术的发展，水轮机也得到一定的发展，已有足够的动力来带动用皮革制造的大型风箱，以获得较高的熔化温度，铸造大炮和大钟的作坊逐渐增多，铸件重量渐渐增大。同时也出现了下冲或上冲式水轮机（水磨），以及风磨和风轮机。水平下冲式水轮机是由早期水磨改进而成的，到12～13世纪已用作采矿、粉碎、冶炼等作业的动力。14世纪，西欧在水力利用方面有很大进展，水轮机作坊迅速增加。水平下冲式水轮机经过改进后又发展成为大型上冲式水轮机，用于提升矿石。

临近工业革命前期（1500～1750年）

工业革命即将开始，此时流体机械技术发展极为迅速，水泵在此时期也有了发展，它主要用于解决当时矿井排水和城市供水问题，包括矿井排水泵、正向旋转泵和离心泵等。这时意大利发明了水压空气压缩机（俗称水风箱）。它可用作熔炼钢铁的鼓风机，以取代旧式的皮老虎。1759年又出现了大型鼓风机。风力机械如风磨的应用也更广泛，数量增加，仅英国就已有数千台之多，用于磨粉、泵水和锯木。1698年英国的T.萨弗里制造的矿井蒸汽水泵，被称为"矿工之友"，它开创了用蒸汽做功的先河。1705年英国的T.纽科门发明大气式蒸汽机，它虽然很不完善，但却是第一台工作比较可靠的蒸汽机，主要用于提水，功率可达6马力，这种蒸汽机在1750年之前已在欧洲推广，后来又传到美国。这一时期，在欧洲诞生了工程科学。许多科学家，如牛顿、伽利略、莱布尼兹、玻意耳和胡克等，为流体机械的发展奠定了多方面的理论基础。

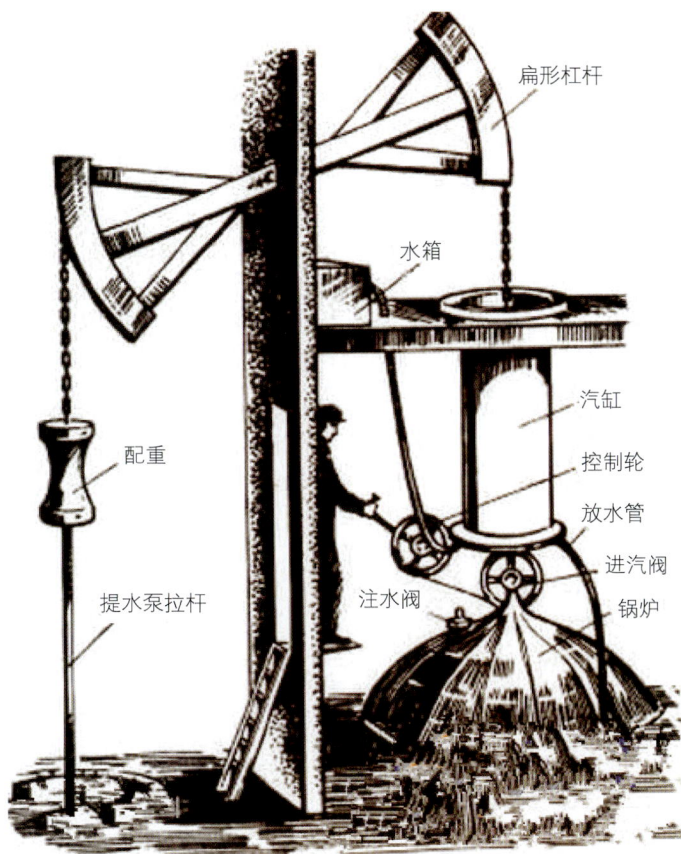

1698年萨弗里制造的矿井蒸汽水泵图

古代谷物收割农器

收获之器，则有若推镰。形如偃月，作两股短叉，架以横木，两首穿小轮，中嵌镰刃，前向以断禾茎也。有若笼，构竹木如屋，禾悉倒控其穗。久雨之际，比积垛为有功也。有若乔杆，竹长短相等，每三为数。架田中，控禾把，以风沮湿也。有若机，平木为之，平土壤之聚谷，便曝日也。有若竹耙，如童子聚薪之物，亦以摊谷也。有若晒槃，形广而圆，边缘微起，下系竹二，两端俱出，利扛移摊布也。有若掼簟。掼，抖擞也。簟，承所遗稻也。置木石之物于簟，举稻把掼之，子粒随落也。有若稻床，制如鞍而大，足前昂后低，以竹为界，而中空之，亦掼稻落子粒也。有若搭爪，如刀环，以环草禾之束，或积或掷，速于手掣也。有若杈，木干铁首，二其股，利如戈戟，箱取禾穗也。有若帚，扫遗穗也。有若担，负禾具也。有若钩，禾既成捆，钩而负之也。有若连枷，用木条四，以生革编之，又或独梃，皆于柄首造掼轴，举而转之以扑禾也。有若风车，如马牛蹲立，中使圆转受风，以米谷渐加于背，而落于口，湿可使乾，杂可使净也。有若铚、若艾，《诗》曰："奄观铚艾"，释云："获禾短镰也。"有若斗、若斛，以量谷知多寡也。有若斛荡，制如尺，量谷使平也。如是而收获之器毕。

元代工祯在《农器图谱》"牟麦门"中提到了与麦类收获有关的几种农具，如麦笼（收麦时系于腰间的盛麦笼）、麦钐（割麦用的镰刀）、麦绰（竹制抄麦器）、积苦、捃刀（拾麦刀）、拖杷（割麦时别于腰间拖动，以梳理散乱茎穗，便于收割）、抄竿（用于割麦时，扶起倒伏茎穗所用的一种竹竿）。

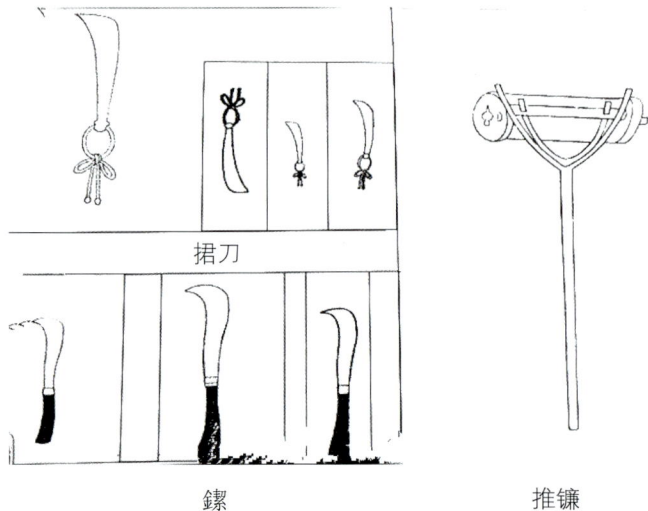

捃刀

鎍　　　　　　　　推镰

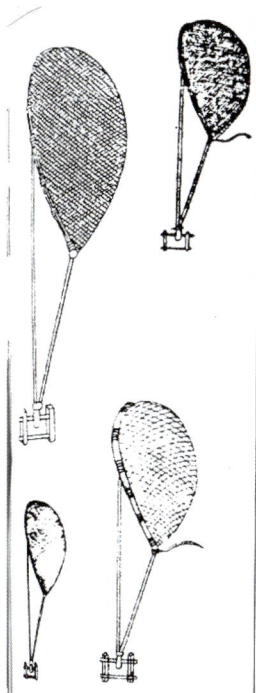

麦绰 麦钐

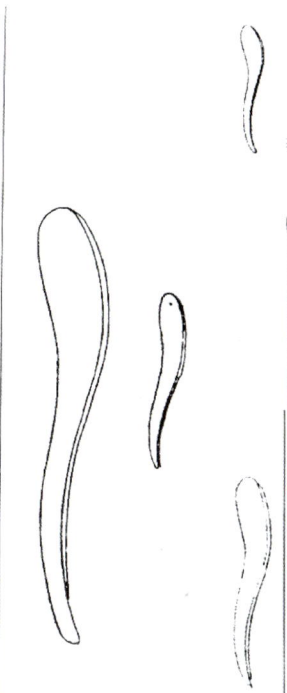

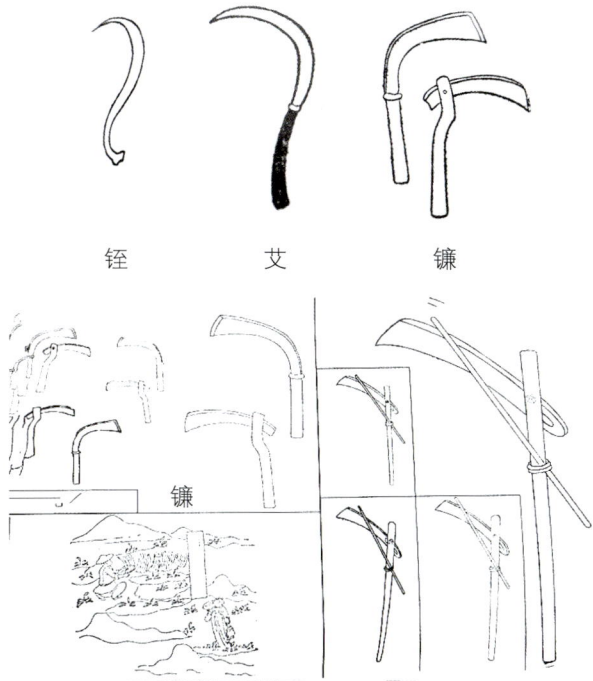

铚 艾 镰

镰

麦笼

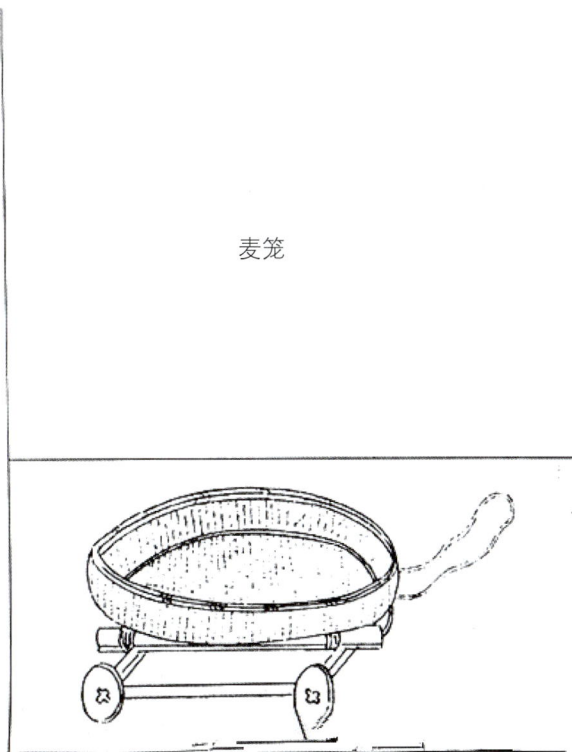

麦笼

如今西北、南方有的偏僻农村还在用麦绰、麦钐收割小麦和水稻等谷物，比镰刀快

麦绰老照片

麦绰（竹制抄麦器）实物照片

古代作物收获场院作业农器

　　作场之器，则有若碌碡。或木或石，刊木括之。中受篗轴，利旋转以碾捍场圃也。有若平板，长广相称，两耳系索，摩土使平也。有若捶，沉重之木数尺，刳项为钮以执手，两人共举，声相呼答，用筑田岸使坚，或用筑场也。有若穜，《吕氏春秋》曰"椎也"，摩田亦击壤也。如是而作场之器毕。

丰收的喜悦画作

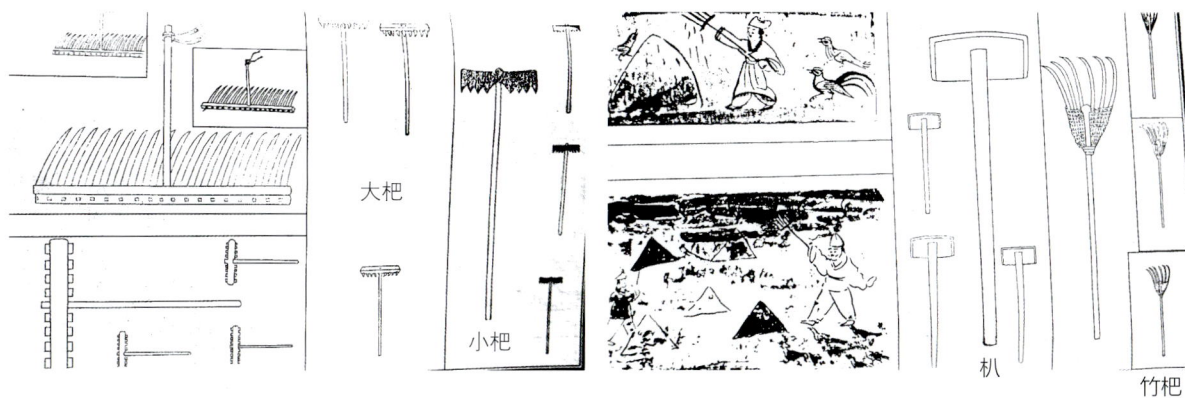

大杷

小杷

杴

竹杷

谷物场院脱粒等作业农器

牛牵引石碌碡碾压谷物脱粒图

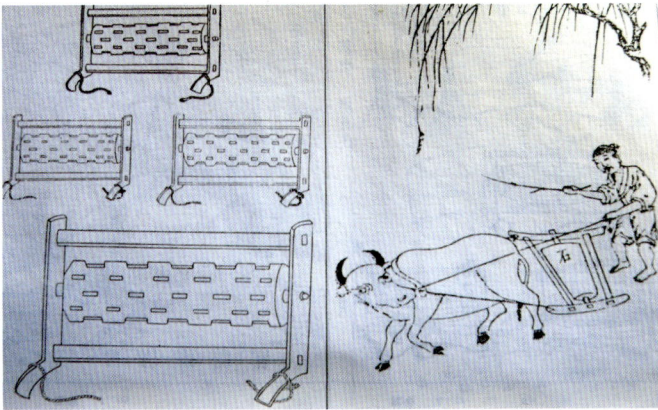

牛牵引石磙碾压谷物脱粒图　　　　　　　　驴牵引石磙碾压谷物脱粒照片

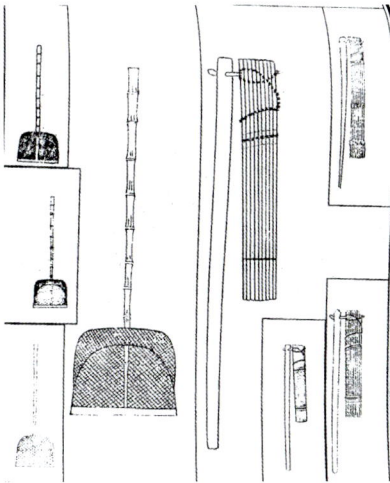

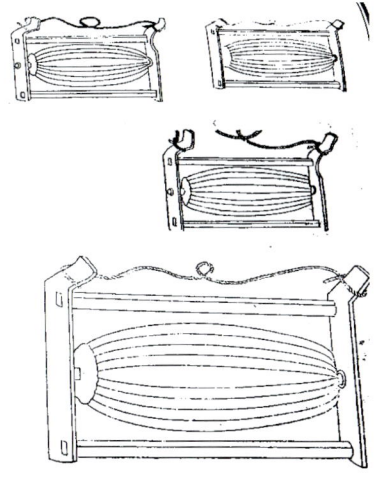

竹杨杴　　连枷　　　　　　　　　　　　打稻图

稻场打稻

笟

用竹子等搭设架子晾晒农作物，如今在南方农
村仍然存在

架起高架自然晾晒谷物照片

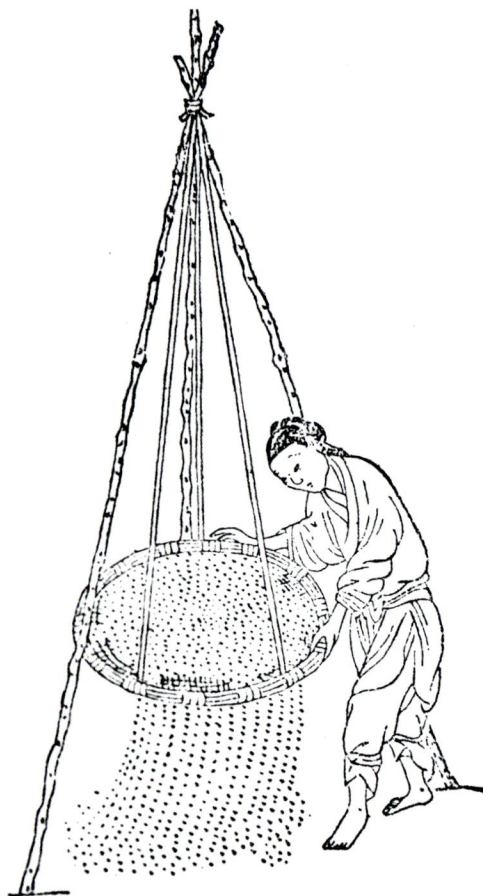

筲谷筛

筶

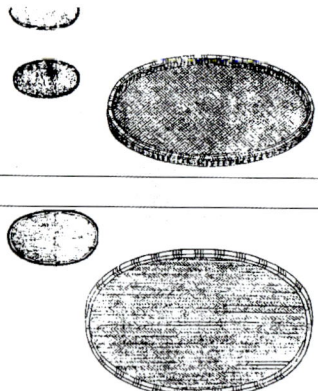

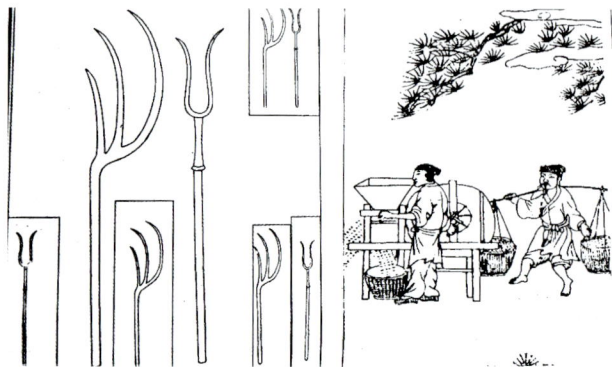

清选谷物的风扇车

风扇车老照片

古代谷物加工农器

中国古代加工粮食的工具经历了由简单到复杂，由原始到先进的发展过程。在河南新郑裴里岗新石器时代早期的遗址中，就出土了加工谷物的石磨盘和磨棒这些比较原始的加工工具。各地出土的绿釉陶磨、舂米画像砖和杵臼人像等，形象生动地再现了汉代人民使用石磨磨面和用脚踏动石碓舂米的情景。

先秦时代人们常吃的粥饭是黍、稷和菽。黍和稷统称粟，菽是豆的古称。当时稻米和麦子都是珍粮，一般人不容易吃到。因为石磨还没有出现，要吃麦子也不能粉食，只能粒食，把小麦仁蒸煮成麦饭、麦粥吃。春秋末期，公输般创制了石磨。石磨用来磨磻谷物，既能磨脱谷物皮壳，又能做进一步加工，使小麦的麸皮从麦面中分离出来，做成面粉。当人们学会磨制面粉和米粉的时候，各种粉食制品应运而生。

中国风车的发明也是比较早的，一九六九年在河南济源泗涧沟出土了西汉时的陶践碓和陶风车的模型，这是西汉发明使用风车的物证。风车是一种利用空气流动的推力，运用流体力学、惯性、杠杆、轮轴等物理原理，将风能转化为机械能的有效机械。古人正是运用了风车的这一特性，将所得的机械能用于分离谷物与杂质，既节省了时间，又节省了人力。

东汉时期劳动人民又发明了水碓，这是采用下击水轮带动凸轮运转，拨动脚踏碓舂米的水力加工机械。从生产力发展的角度看，它比人力踏碓、杵臼舂米的效率高了百倍。魏晋南北朝时期，劳动人民又创制了连磨和水碾。连磨是以牛牵引，通过齿轮运转，带动八盘石磨同时加工谷物。水碾的使用必先建好水堰，利用水的冲力，推动水卧轮带动石碾碾米。

人工手推和用畜力牵动的石转磨试制成功，人们又利用扇板回转生风的原理创造了簸选谷物用的木制农具风车。这样，从原粮到口粮、从粒食到粉食一系列加工机械的发明，充分体现了中国古代人民的智慧和伟大的创造力。自两汉到近代，我国黄河流域、长江流域的农村，杵臼、踏碓、水碓、风车、石转磨等农机的使用非常普遍。元代时，我国巧工瞿氏发明机械传动磨面的方法，把磨设在楼上，楼下设水推动的机轴齿轮以旋之（据明陶宗仪《辍耕录》）。这是世界上第一台机械传动磨面的设备。

杵臼　　　　碓　　　　杵臼　　　　舂臼

杵臼加工粮食或药物等的图谱

筛选谷物农器图

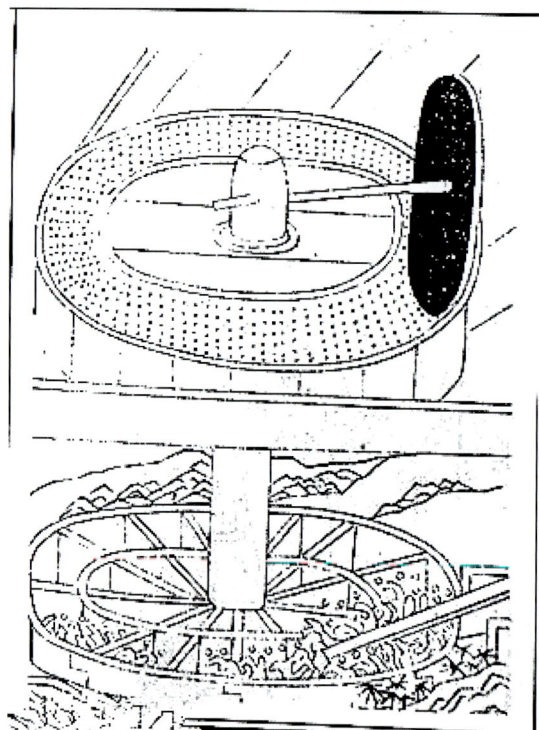

水碾图

畜力牵引碾米图

人力小型碾米工具图

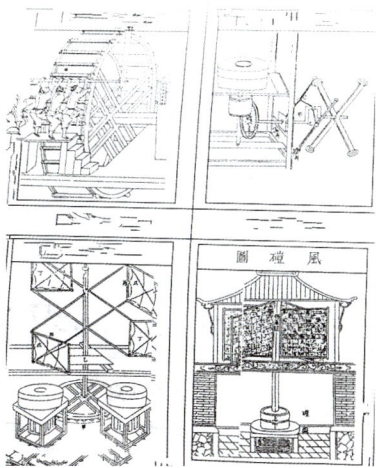

风力转动的石磨加工粮食图

水转连磨图

古人独创的水转连磨图

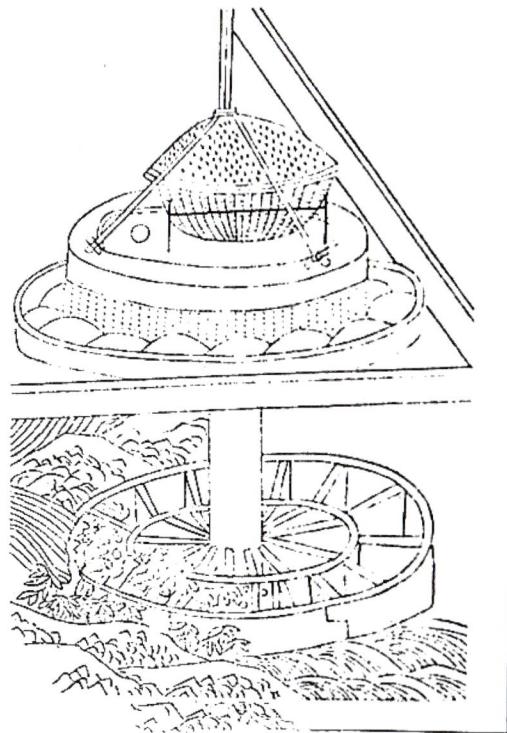

水磨加工谷物图

西藏日喀则市白朗县的水磨加工青稞粉照片

水磨下面的水轮照片

用石碓加工食物照片

石碓臼实物照片

畜力牵引石碾加工谷物图

石碾照片

石碾加工谷物照片

石碾加工谷物照片

农村石碾老照片

石碾加工谷物照片

石磨加工食物

石磨实物照片

古代粮食仓储

　　藏种之器，则有若蓰，若蒉，器之从草者也。《鲁论》"大人以杖荷蓧"，又"荷蒉而过孔氏之门"。有若种筐，形如甕，用贮谷种。庋之风处，不致郁浥，器之从竹者也。有若谷盅，编竹作围，长短无定，入谷中以通气，亦器之从竹者也。有若畚，晋王猛少贫贱，尝鬻畚，此也。南方以蒲竹为之，北方以荆柳为之。有若稻包，种之将布，浸之以水，俟其萌，而以草束为裹，俗曰稻包，无定制也。如是，而藏种之器毕。

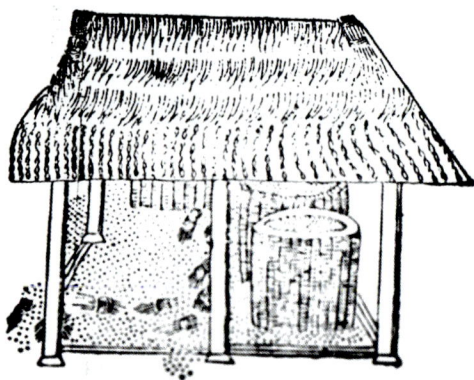

廪

笭

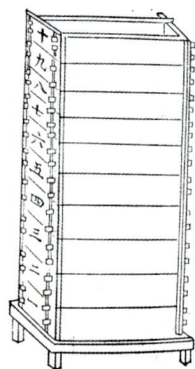

谷匣

地窖藏谷物图

安斛老照片

农家生活器皿工具老照片

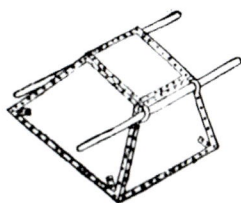

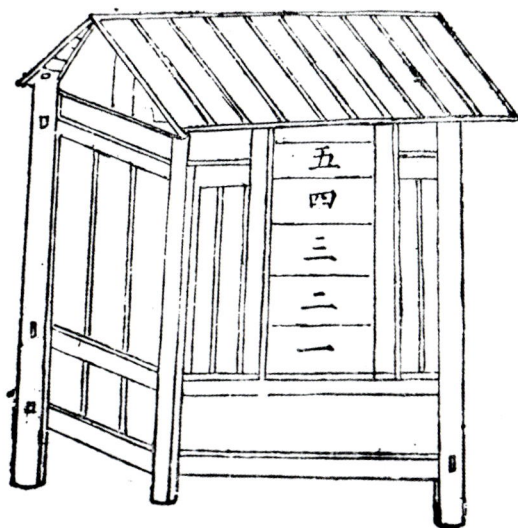

庚

斛与概　　　　　　　京　　　　　　　囷

桑蚕养殖与蚕丝加工农器

　　中国饲养家蚕和纺织丝绸是相当早的。历史上就流传着"伏羲氏化蚕桑为繐（穗）帛"（《皇图要览》）、黄帝元配妻子嫘（雷）祖西陵氏"始教民育蚕，治丝茧以供衣服"（罗泌《路史》）等传说。考古发掘表明，在新石器时代，人们已将蚕蛾驯化家养，并能织出较为精细的丝织物。到了殷商时期，养蚕已很普遍，人们已熟练地掌握了丝织技术。随着织机的改进，提花装置的发明，人们不仅能织出平纹织物，还能织就畦纹和文绮织法的丝绸。加上刺绣与染彩技术的逐渐成熟，服饰也日益考究。史载，商纣王一次就赏赐给300名宫女大量丝织品，足以说明当时养蚕、取丝、丝绸业已具相当规模。

　　王祯《蚕缫篇》曰："淮南王《蚕经》云：'黄帝元妃西陵氏，始蚕。'盖黄帝制作衣裳因此始也。"

　　王祯《蚕事图谱》曰："蚕缫之事，自天子后妃，至于庶人之妇，皆有所执，以共衣服。故篇目以《蚕室》为首，示率天下之蚕者。其作用之门，如曲植钩筐之类，与夫车玉斧茧丝之法，必先精晓习熟，而后可望于获利。今条列名件，一一备述。"

　　【蚕室】《记》曰："古者天子诸侯，皆有公桑蚕室，近川而为之。筑宫，仞有三尺，棘墙而外闭之。三公之夫人，世妇之吉者，使入蚕室；奉种浴于川，桑于公桑。"此公桑蚕室也。

　　【火仓】凡蚕生室内，四壁挫垒空龛，状如三星，务要玲珑，顿藏熟火，以通暖气，四向匀停。

　　蚕家或用旋烧柴薪，烟气熏笼，蚕蕴热毒，多成黑焉。今制为抬炉，先自外烧过薪粪，（牛粪）。

　　《农书》云："蚕，火类也，宜用火以养之。用火之法，须别作一炉，令可抬蛾出入，火须在外烧熟，以谷灰盖之，即不暴烈生焰。"夫抬炉之制，一如矮床。内嵌烧炉，两旁出柄，二人蛾之，以送熟火。

　　《方言》云："人既绳牵轴动，则随轴转，丝乃上。此北方络丝车也。南人但习掉取丝，终不若络车安且速也。今宜通用。"

　　"抬蚕具也。结绳为之，如鱼网之制。其长短广狭，视蚕盘大小制之。"

　　"状如高橙，平穿二枕，就作登级。凡柔桑不胜梯附，须登几上，乃易得叶。《齐民要术》云：'采桑必须高几。'《士农必用》云：'担负高几，绕树上下。'今蚕家采彼女桑，兹为便器。"

　　《农桑直说》云："冷盆可缫全缴细丝；中等茧，可缫下缴。比热釜者有精神，又坚韧也。"

　　《桑事图谱》云："蚕种纸也。旧用连二大纸。蛾生卵后，又用线长缀，通作一连，故因曰连。"

秦观《蚕书》云："缫丝自鼎面引丝直钱眼，此缫丝必用鼎也。今农家象其深大，以盘甑接釜，亦可代鼎。"

"蒸茧器也。"

《蚕书》云："凡泥茧，列埋大瓮地上。今人只于瓮中藏茧，另用纸或箬或荷叶包盐一二两置茧上亦可。但只须瓮口密封，不走气耳。此必用盐泥乃可。"

《农桑直说》云："簇用蒿梢丛柴苫席等也。夫南簇蚕少，谓用火法也。"《蚕书》云："已入簇，微用熟炭火温之。又总簇用火，便于照料。南北之间，去短就长，制此良法，宜皆用之，则始终无嫌矣。"

"构木作架，上控钩绳滑车，下置煮茧汤瓮。"

《通俗文》曰："织具也，所以行纬之莎。捣练具也。"

"织丝具也。按黄帝元妃西陵氏，曰嫘祖，始勤蚕稼。"

《方言》云："右手掉纶，则筒随轮转；左手引丝上筒，遂成丝缫，以充织纬。"

"牵丝具也。先排丝于下，上架横竹，列环以引众绪，总于架前经缕。"

络车　　　　　　　　　　　　　　　　　　蚕网

桑几

冷盆

蚕连

热釜

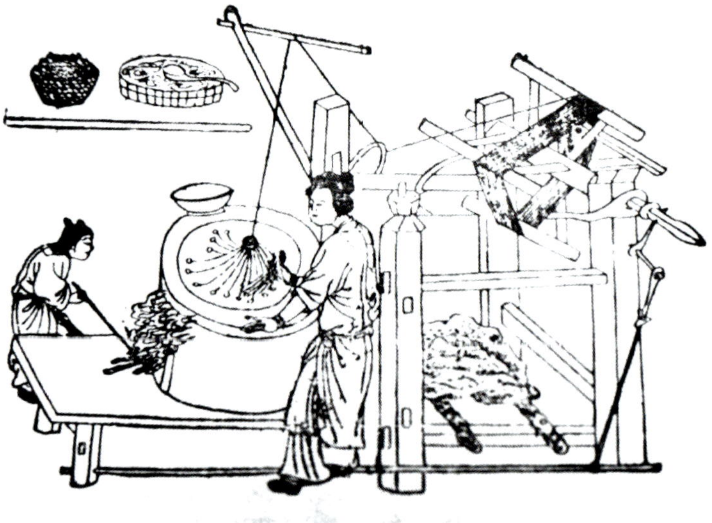

南缫车

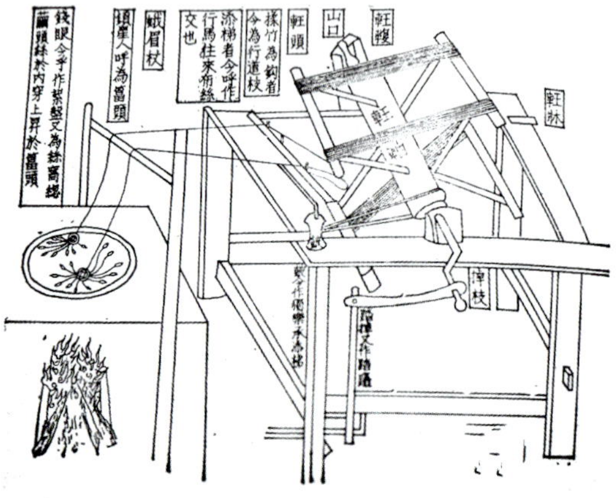

北缫车

茧笼

茧瓮

蚕簇　　　　　　　　絮车

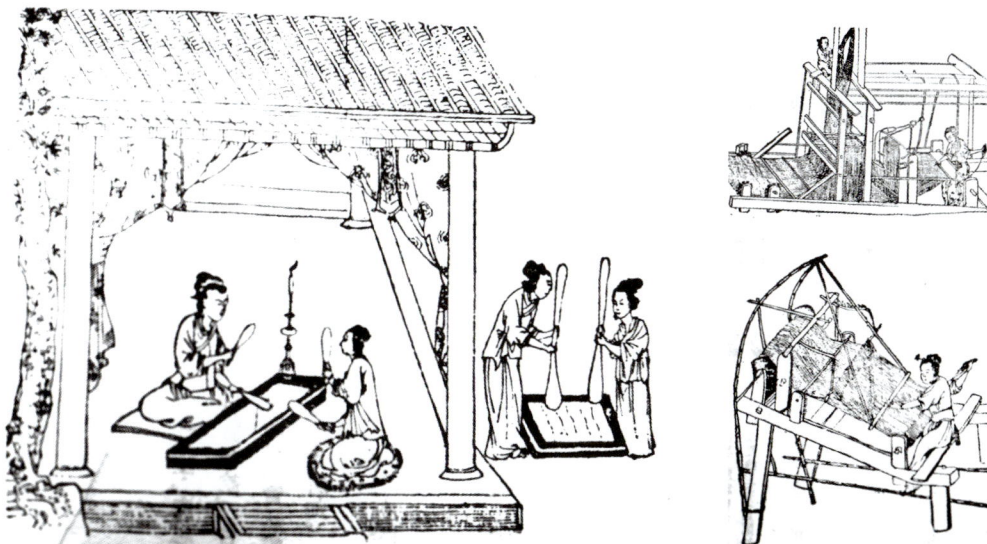

砧杵　　　　　　　　织机

纬车

经架

古代纺织农器

在五六千年前，中国母系氏族原始社会步入繁荣阶段，原始的农业和手工业开始形成。人们逐渐学会将采集到的野麻纤维提取出来，用石轮或陶轮搓捻成麻线，然后再织成麻布，做成适应人体要求的衣服。这是人类服饰发展史上一个崭新的开端，也是人类社会进步的一个重要标志。

比较《农器图谱》和《农器谱》的门类可以看出，王祯《农器图谱》增加的项目主要有：利用、鏺麦、蚕缫、蚕桑、织纴、𬘭絮、麻苎等主要与纺织相关的农器。这些在曾之谨《农器谱》中是没有的。元代棉花成为我国重要纺织原料，劳动人民逐步发明了棉搅车、纺车、弹弓、织纴、𬘭絮、棉织机等棉花加工工具。

衣着生产工具的增加，不仅丰富了《农器图谱》的内容，而且也改变了原来《农器谱》中的内容，如《农器谱》中的"釜甑"改为《农器图谱》中的"鼎釜"，则可能是加入了缫丝工具"鼎"的缘故。

以下是元代王祯《农书·农器图谱》中的有关纺织的农器图谱。

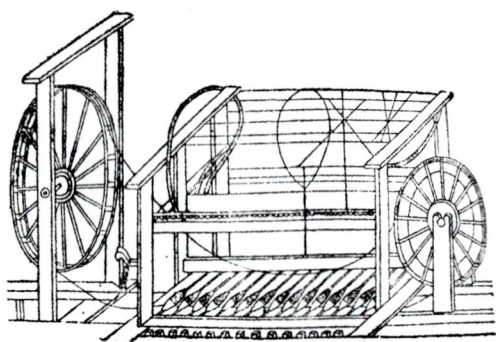
纺车

蟠车

纩刷

蟠车

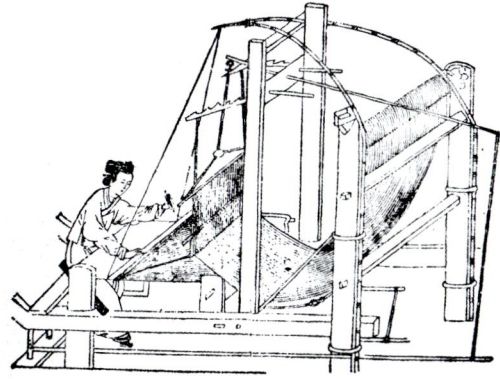

布机

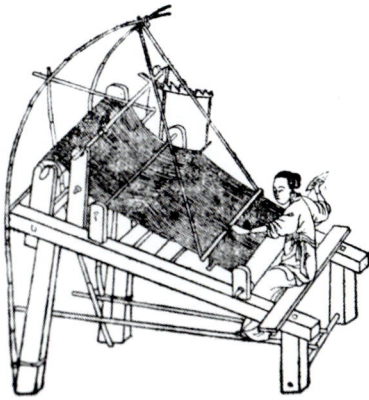

布机

小纺车

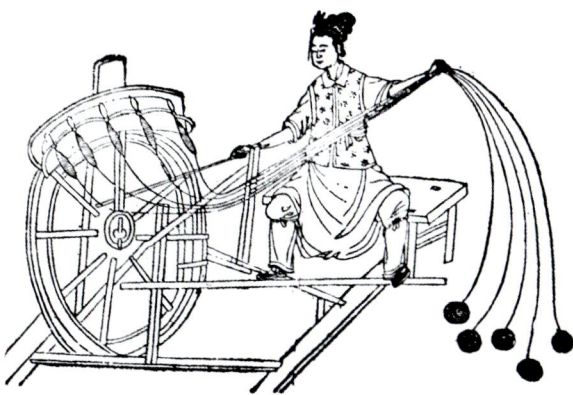

小纺车

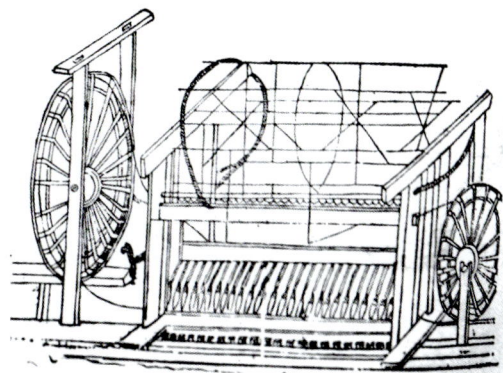

大纺车

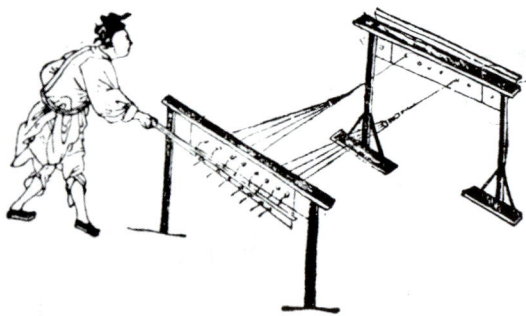
绳车

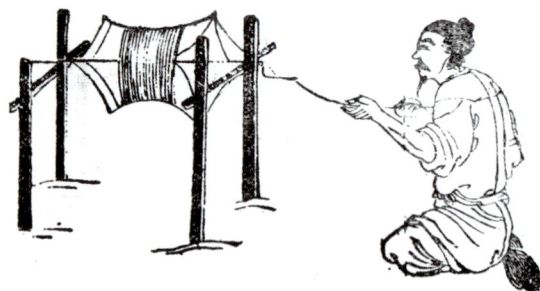
纴车

木棉线架

木棉拨车

木棉轩牀

木棉纺车

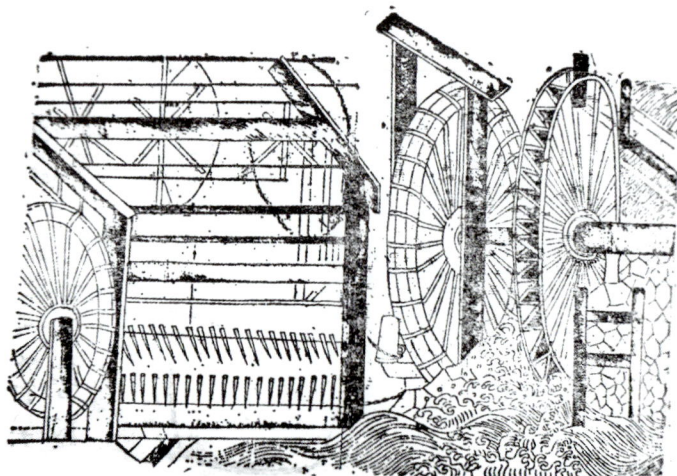
以水为动力的水轮大纺车

绳车

纩车

古代农田造型

　　元代王祯在《农器图谱》中将原先的"车戽"改为"灌溉门"，不仅介绍了灌溉工具，而且还新增了各种水利设施，甚至于水利工程，如水栅、水闸、陂塘、水塘、瓦窦、石龙、浚渠、阴沟、井、水笕等，这些利用地貌、地理构建的耕田的水利区域命脉，有利于农作物的生产栽培、管护。此举现代农业水利建设也在沿用和借鉴。

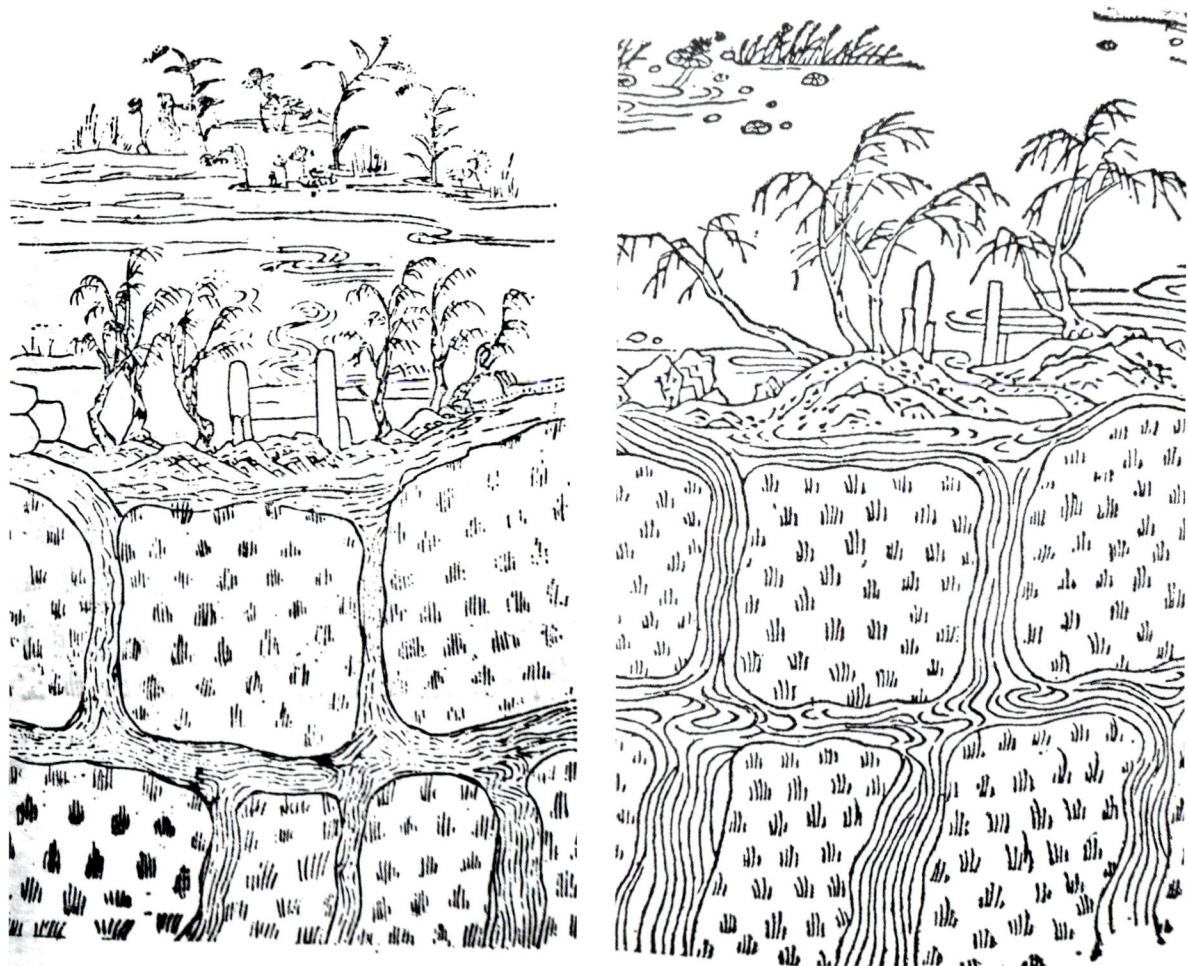

陂　塘

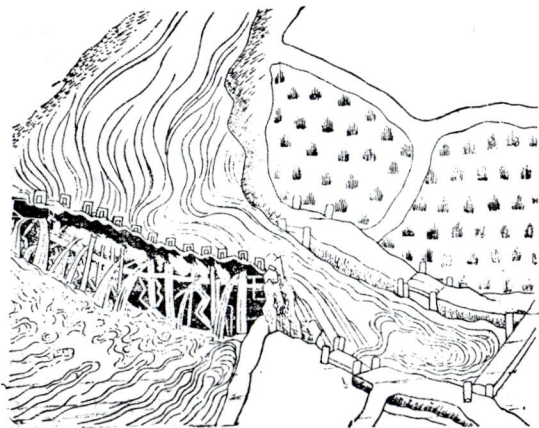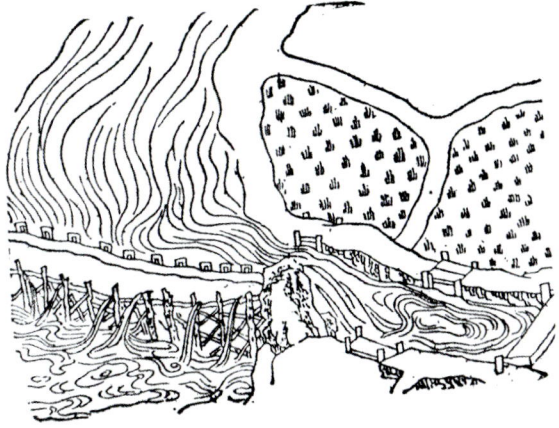

大 水 栅

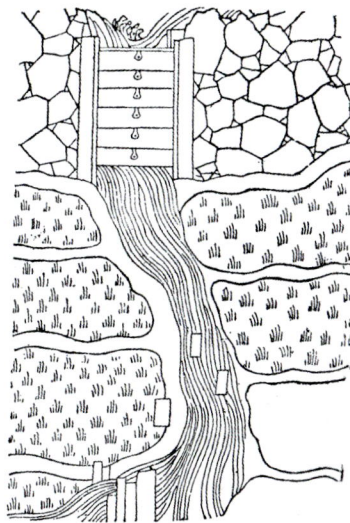

水栅　　　　　水闸　　　　　水塘

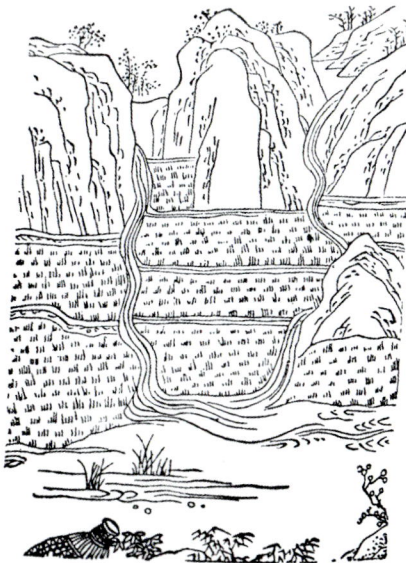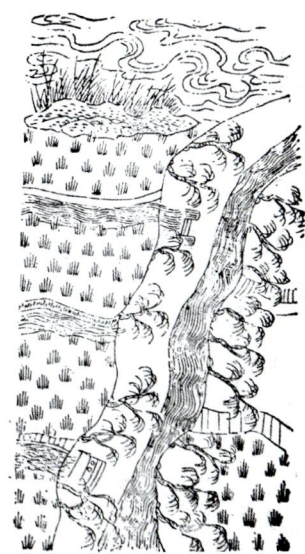

梯田　　　　　水笃　　　　　浚渠

瓦窑

石龙

古代授时尺图与刻漏计时

　　授时历是中国古代曾经使用过的一种历法，为元代郭守敬、王恂、许衡等人创制，因古语"敬授人时"而得名，从元朝至元十八年（公元1281年）开始实行。明朝所颁行的大统历基本上就是授时历，总共实行了364年。古称授时尺图。"授时"出自《尚书·尧典》"历象日月星辰，敬授人时"。《授时历》在我国沿用了三百多年，产生了重大影响，当时的朝鲜、越南等地都曾采用过《授时历》。

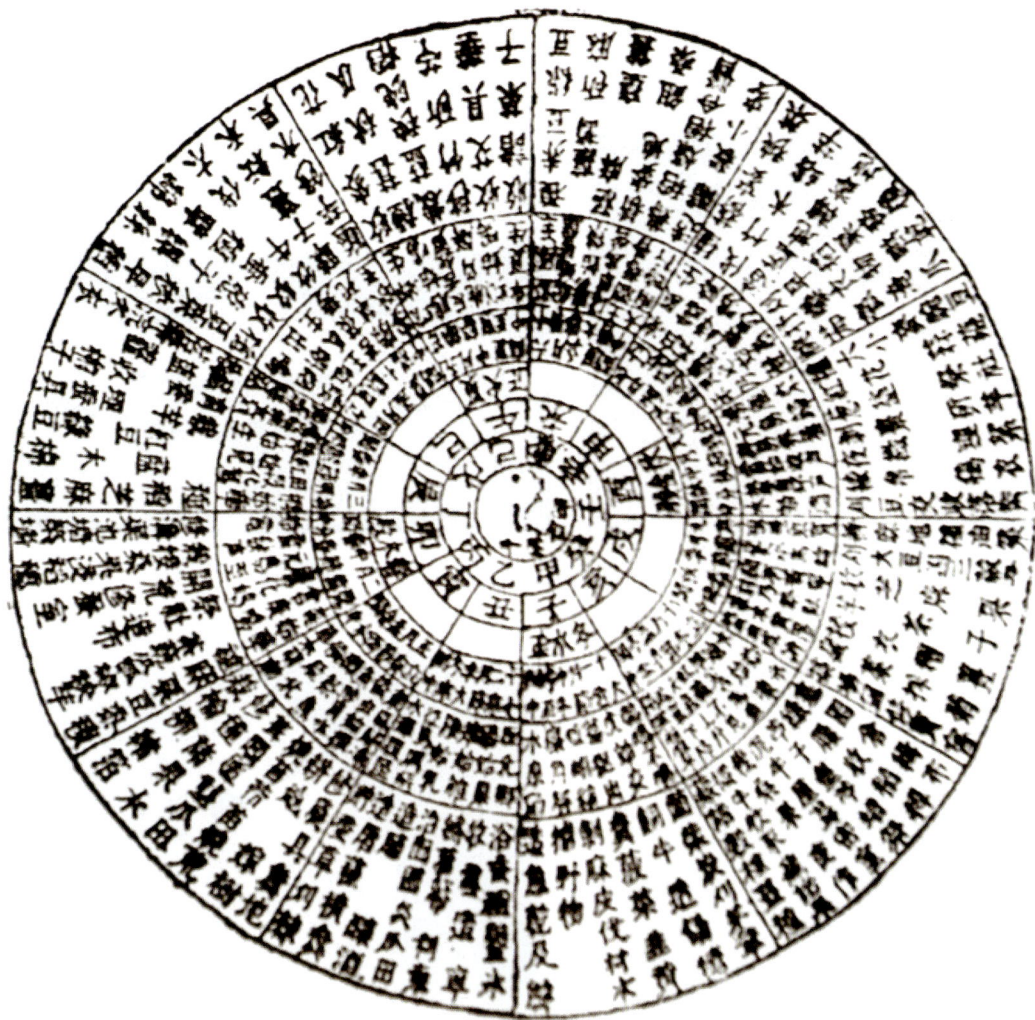

古代农事、农时轮图

古代交通工具

　　担、筐、驮具、木舟、车是古代农村主要的运输工具。担、筐主要在山区或运输量较小时使用；木舟在江南水乡用途广；车主要使用在平原、丘陵地区，其运载量较大。

农舟

农舟老照片

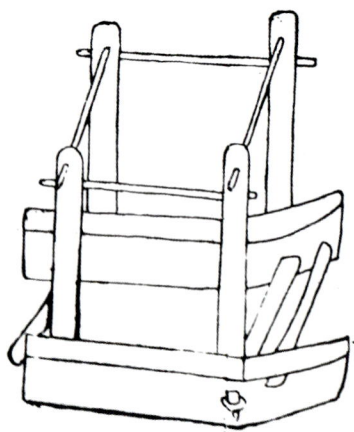
拖车

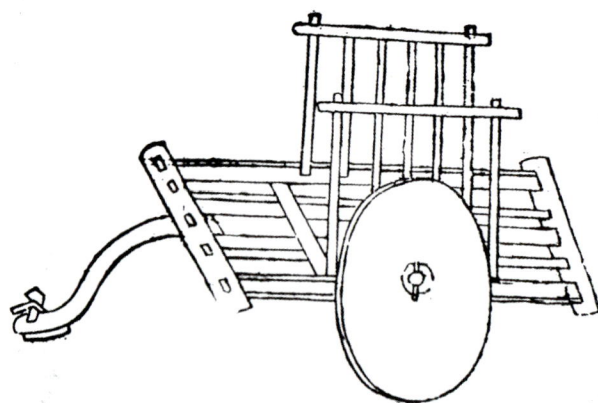
水田用的下泽车

独轮车老照片

大车

农用大车老照片